神奇的自然地理百科丛书

探索海洋的中转站——岛屿

谢宇◎主编

花山文艺出版社

河北·石家庄

图书在版编目（CIP）数据

探索海洋的中转站——岛屿 / 谢宇主编. — 石家庄
: 花山文艺出版社，2012（2022.2重印）
（神奇的自然地理百科丛书）
ISBN 978-7-5511-0660-3

Ⅰ．①探… Ⅱ．①谢… Ⅲ．①岛—中国—青年读物②
岛—中国—少年读物 Ⅳ．①P931.2-49

中国版本图书馆CIP数据核字(2012)第248523号

丛 书 名：神奇的自然地理百科丛书
书 　 名：探索海洋的中转站——岛屿
主 　 编：谢　宇

责任编辑：冯　锦
封面设计：袁　野
美术编辑：胡彤亮
出版发行：花山文艺出版社（邮政编码：050061）
　　　　　（河北省石家庄市友谊北大街 330号）
销售热线：0311-88643221
传 　 真：0311-88643234
印 　 刷：北京一鑫印务有限责任公司
经 　 销：新华书店
开 　 本：700×1000　1/16
印 　 张：10
字 　 数：140千字
版 　 次：2013年1月第1版
　　　　　2022年2月第2次印刷
书 　 号：ISBN 978-7-5511-0660-3
定 　 价：38.00元

前　言

　　人类自身的发展与周围的自然地理环境息息相关，人类的产生和发展都十分依赖周围的自然地理环境。自然地理环境虽是人类诞生的摇篮，但也存在束缚人类发展的诸多因素。人类为了自身的发展，总是不断地与自然界进行顽强的斗争，克服自然的束缚，力求在更大程度上利用自然、改造自然和控制自然。可以毫不夸张地说，一部人类的发展史，就是一部人类开发自然的斗争史。人类发展的每一个新时代基本上都会给自然地理环境带来新的变化，科学上每一个划时代的成就都会造成对自然地理环境的新的影响。

　　随着人类的不断发展，人类活动对自然界的作用也越来越广泛，越来越深刻。科技高度发展的现代社会，尽管人类已能够在相当程度上按照自己的意志利用和改造自然，抵御那些危及人类生存的自然因素，但这并不意味着人类可以完全摆脱自然的制约，随心所欲地驾驭自然。所有这些都要求人类必须认清周围的自然地理环境，学会与自然地理环境和谐相处，因为只有这样才能共同发展。

　　我国是人类文明的重要发源地之一，这片神奇而伟大的土地历史悠久、文化灿烂、山河壮美，自然资源十分丰富，自然地理景观灿若星辰，从冰雪覆盖的喜马拉雅、莽莽昆仑，到一望无垠的大洋深处；从了无生气的茫茫大漠、蓝天白云的大草原，到风景如画的江南水乡，绵延不绝的名山大川，星罗棋布的江河湖泊，展现和谐大自然的自然保护区，见证人类文明的自然遗产等自然胜景共同构成了人类与自然和谐相处的美丽画卷。

　　"读万卷书，行万里路。"为了更好地激发青少年朋友的求知欲，最大程度地满足青少年朋友对中国自然地理的好奇心，最大限度地扩展青少年读者的自然地理知识储备，拓宽青少年朋友的阅读视野，我们特意编写了这套"神奇的自然地理百科丛书"，丛书分为《不断演变的明珠——湖泊》《创造和谐的大自然——自然保护区 1》《创造和谐的大自然——自然保护区 2》《历史的记忆——文化与自然遗产博览 1》《历史的记忆——文化与自然遗产博览 2》《流动的音符——河流》《生命的希望——海洋》《探索海洋的中转站——岛屿》《远航的起点和终点——港口》《沧海桑田的见证——山脉》十册，丛书将名山大川、海岛仙境、文明奇迹、江河湖泊等神奇的自然地理风貌一一呈现在青少年朋友面前，并从科学的角度出发，将所有自然奇景娓娓道来，与青少年朋友一起畅游瑰丽多姿的自然地理百科世界，一起领略神奇自然的无穷魅力。

丛书根据现代科学的最新进展，以中国自然地理知识为中心，全方位、多角度地展现了中国五千年来，从湖泊到河流，从山脉到港口，从自然遗产到自然保护区，从海洋到岛屿等各个领域的自然地理百科世界。精挑细选、耳目一新的内容，更全面、更具体的全集式选题，使其相对于市场上的同类图书，所涉范围更加广泛和全面，是喜欢和热爱自然地理的朋友们不可或缺的经典图书！令人称奇的地理知识，发人深思的神奇造化，将读者引入一个全新的世界，零距离感受中国自然地理的神奇！流畅的叙述语言，逻辑严密的分析理念，新颖独到的版式设计，图文并茂的编排形式，必将带给广大青少年轻松、愉悦的阅读享受。

编者
2021年8月

目　录

第一章 岛屿与概述

一、认识岛屿

岛屿是指四周环水的陆地。我国是世界上岛屿最多的国家之一。调查资料表明，我国有大小岛屿6500多个，面积共38700多平方千米，岛屿岸线长约14247.8千米。

我国岛屿按其成因可分为大陆岛、海洋岛和冲积岛三类。大陆岛是大陆块延伸到海底并露出海面而形成的岛屿，它原是大陆的一部分，因地壳沉降或海面上升而与大陆分离。我国辽宁、山东、江苏、

上海、浙江、福建、广东、广西、海南和台湾等省（自治区、直辖市）的绝大多数海岛都属于这种类型。

海洋岛又称大洋岛，包括海底火山喷发或珊瑚礁堆积体露出海面而形成的火山岛和珊瑚岛。

冲积岛是由河流携带的泥沙，在江河入海口处堆积而成的岛屿。我国最大的冲积岛是上海市的崇明岛。河北省和天津市沿海的全部海岛均为冲积岛。

我国沿海岛屿分布不均匀，主要集中在浙江、福建和广东三省，其次是辽宁、山东、广西、海南和台湾各省。

海南省拥有海南岛、西沙群岛、中沙群岛和南沙群岛等230多个海岛。其中，海南岛是中国的第二大岛。岛上的地势以五指山为中心，中央高、四周低，向四周依次

青岛灵山岛美景

降为山地、丘陵、台地和沿海平原。主要河流有南渡江、昌化江和万泉河等。该岛具有热带季风气候特点，热量丰富，雨量充沛，是我国理想的热带作物种植区。

西沙群岛由30多个岛、礁、滩组成，包括东西两群，东群称宣德群岛，其中永兴岛最大；西群称永乐群岛。

中沙群岛是由中沙环礁上20多座未露出水面的暗沙、暗滩组成。环礁范围长约139千米，最宽处约61千米。

南沙群岛是中国最南端的群岛，由100多座岛、洲、礁、沙、滩组成，分布范围南北长约920千米，东西宽约740千米，露出海面的岛屿和沙洲有20多座。

台湾省包括台湾岛及其周围的澎湖列岛、钓鱼岛等200多个

海岛风光

岛屿，总面积36000平方千米。其中，台湾岛是中国第一大岛，面积35700多平方千米。岛上地势中部最高，东部次之，西部低平。台湾具有亚热带海洋性季风气候特点，岛上水、热资源丰富，土地肥沃，物产丰富。

上海市的崇明岛是中国的第三大岛，也是我国最大的冲积岛，面积约1083平方千米。在我国大陆近岸海域还分布有一系列群岛，自北至南主要有长山群岛（由50多个岛屿组成）、庙岛群岛（由30多个岛屿组成）、舟山群岛（由600多个岛屿组成）、大万山群岛（由100多个岛屿组成）等。

二、冲积岛

冲积岛是大陆岛的一个特殊类型，只因成因不同而单独作为一类。冲积岛由于其组成物质主要为泥沙，故也称沙岛。

冲积岛主要分布于河口地区。我国共有400多个冲积岛。冲积岛的地质构造与河口两岸的冲积平原相同，属第四纪以来的中积地层，其地势低平，在岛屿四周围绕着广

嵊泗列岛

阔的滩涂。

　　冲积岛的成因不尽相同。长江口的冲积岛是由于涨落潮流不一致，形成缓流区，使泥沙不断沉积而形成的。珠江口冲积岛成因不一，有的是由河口心滩发育而成；有的是由于河流中有岩岛阻挡产生河汊，在河汊流速较慢的一侧泥沙沉积而成沙垣，再发育成沙岛；有的由河口沙嘴发育而成，最典型的是台湾岛浊水溪三角洲外的一系列沙岛；还有一种是由波浪侵蚀沙泥海岸，从海岸分离出小块陆地，使之形成冲积岛，但这种冲积岛较为少见。

　　冲积岛由泥沙组成，结构松

散，因而在外形轮廓上很不稳定。河口地区的冲积岛，每逢遇到强潮倒灌或洪水倾泻，强烈的冲蚀会使冲积岛四周形态发生改变。一般情况下，在冲积岛与河流和潮流平行的两边，总是一边经受侵蚀，一边逐渐淤积，久而久之，便形成平行两岸的长条形岛屿；而垂直于河流的两端，上游不断缩减，下游又逐渐增加。但是，有时整个岛屿会被冲蚀消失，有时岛屿与大陆逐渐接近，最后连成一体。

　　冲积岛上，地貌形态简单，地势平坦，海拔只有几米。在土壤化较好的冲积岛上，种植着护岛固沙的林木、绿草和庄稼。河口区的冲积岛，水网密布，则是一派江南水乡的田园风光。

三、火山岛

火山岛按其属性可分为两种。一种是大洋火山岛，它与大陆地质构造没有联系；另一种是大陆架或大陆坡海域的火山岛，它与大陆地质构造有联系，但又与大陆岛不尽相同，属大陆岛与大洋岛之间的过渡类型。而我国的火山岛就属于后一种。

由于我国的火山岛是以大陆架或大陆坡阶地为基底的，因而在地质构造和物质组成上形成了一种特殊的类型：基底为大陆地壳或过渡型地壳，组成火山岛的物质却来自海底火山熔岩，并有玄武岩或安山岩以及火山碎屑之分。在火山岛

台湾火山岛地形图

形成过程中，如有构造运动发生，就会使火山体发生断裂或岩层形态发生改变。

地质学家告诉我们，地壳以下温度很高，使有些地方岩石熔化成岩浆。由于地层的强大压力，岩浆便顺着裂缝上涌喷出地表。如果在海底喷发，熔岩不断堆积增高，升出海面，便形成了火山岛。由于地壳裂缝主要分布在构造活动带，而且有一定的范围和方向，这便使得火山岛分布不均，有的集中，有的分散，有的成列，有的孤立。没有岩浆活动的地方，也没有火山岛生成。

我国的火山岛较少，主要分布在台湾岛周围；在渤海海峡、东海陆架边缘和南海陆坡阶地仅有零星分布。台湾海峡中的澎湖列岛（花屿等几个岛屿除外）是以群岛形式存在的火山岛；台湾岛东部陆坡的绿岛、兰屿、龟山岛，北部的彭佳屿、棉花屿、花瓶屿，东海的钓鱼岛等岛屿，渤海海峡的大黑山岛，西沙群岛中的高尖石岛等则都是孤立海中的火山岛。它们都是第四纪火山喷发形成的，形成这些火山岛

的火山现在都已停止喷发。

火山喷发的熔岩一边堆积增高，一边四溢滚淌，使火山岛形成中高边低的圆锥形地形，被称为火山锥。它的顶部为大小、深浅、形状不同的火山口。有许多火山喷发的地方都形成崎岖不平的丘陵。我国的火山岛主要是玄武岩和安山岩火山喷发形成的。玄武岩浆黏度较稀，喷出地表后，四溢流淌，由此形成的火山岛的坡度较缓，面积较大，高度较低，其表面是起伏不大的玄武岩台地，如澎湖列岛。安山岩属中性岩，岩浆黏度较稠，喷出地表后，流动较慢，并随温度降低很快凝固，碎裂的岩块从火山口向四周滚落，形成地势高峻，坡度较陡的火山岛，如绿岛和兰屿。如果火山喷发量大、次数多、时间长，自然火山岛的高度和面积也就增大了。

火山岛形成以后，经过漫长的风化剥蚀，岛上岩石破碎并逐步土壤化，因而火山岛上也可生长多种动植物。但因成岛时间、面积、物质组成和自然条件的差别，火山岛的自然条件也不尽相同。澎湖列岛上土地瘠薄，常年狂风怒号，植

石岛奇观

被稀少，岛上景色单调。绿岛上则地势高峻，气候适宜，树木花草布满山野，景象多彩多姿。而高尖石岛面积很小，地势较低，无土壤生成，只是露出海面的一个小山丘。

四、珊瑚岛

在热带海洋上，有一种特殊类型的岛屿，组成岛屿的物质主要是珊瑚虫的骨骼，海洋地质学家称这种岛屿为珊瑚岛。在我国南方的南海之中，就有这样的岛屿。它们星罗棋布地散于万顷碧波之中，分布位置自北向南分为四个岛群，分别称为东沙群岛、西沙群岛、中沙群岛和南沙群岛，这些岛群习惯上又被称为南海诸岛。其中，东沙群岛距祖国大陆最近，西沙群岛居中，中沙群岛紧靠西沙群岛东南方，是

一个水下大环礁，只有黄岩岛出露海面，南沙群岛居南，距祖国大陆最远。除西沙群岛中的高尖石岛外，南海诸岛都是珊瑚岛。

南海中的珊瑚岛数量很多，但面积都很小。我国的南海诸岛岛礁有很多座，总面积约约有12平方千米；存在形式各不相同，分别以岛、礁、沙、滩相称。一般来讲，大潮时露出水面、面积较大的称岛或沙洲；露出水面面积较小的礁石称明礁；大潮涨潮淹没、退潮露出的称暗礁；长期淹没于水下的称暗沙；淹没较深，表面平坦的水下台地称暗滩。现已命名的岛、礁、沙、滩有258个，其中岛屿35个、沙洲13个、暗礁113个、暗沙60个、暗滩31个，以"石"或"岩"命名的礁石6个，其分布海域从北面的东沙岛到最南端的曾母暗沙附近，达100多万平方千米。

珊瑚岛是由海中的珊瑚虫遗骸堆筑的岛屿。珊瑚虫死后，其身体中含有一种胶质，能把各自的骨骼固结在一起，一层粘一层，日久天长就成为礁石了。在满足珊瑚虫生息的条件下，珊瑚岛的形成必须要

南海珊瑚岛海底

有水下岩礁作为基座，这就是珊瑚岛分布于热带海洋、远离河口、坐落于海山和陆坡阶地上面的原因。珊瑚礁生成以后，珊瑚虫不断生息繁衍，随着海平面的上升或地壳的下降，当礁体的下沉速度等于或小于珊瑚礁的生长速度时，礁体便向上和四周生长扩大，形成环礁；在波浪作用下，破碎的珊瑚沙向环礁中适宜堆积的地方集中，日久天长地堆积，礁体出露海面，珊瑚岛就形成了。如果珊瑚礁的生长速度不及礁体下沉或海面上升的速度，当水深超过40米时，珊瑚虫不能生存，礁体便停止了生长，于是就形成了水下环礁。中沙群岛的水下大

南海珊瑚岛群

环礁就是这样形成的。

中生代时浩瀚的南海还是一片陆地，与我国华南大陆连在一起。到了新生代的第三纪，地壳发生差异性断陷，随着断陷的不断加深，便形成了南海盆地。到中新世时，又发生了火山喷发，形成一系列出露海面的火山锥。造礁珊瑚便在火山锥周围大量生息，形成礁裙，新构造运动又使海盆继续下沉，珊瑚礁越积越厚，便形成了珊瑚岛独具特色的地质构造。不论西沙群岛、中沙群岛、东沙群岛，还是南沙群岛，都由两种岩体构成，上部都是珊瑚灰岩，下部都是海底喷发的火山碎屑岩，再往下才是古老的花岗片麻岩等其他基底岩石。东沙群岛、西沙群岛和中沙群岛都处在南海北部大陆坡阶梯上，南沙群岛位于南海南陆坡台阶上，基底都是大陆地壳，因而它们不同于大洋中的珊瑚岛。

珊瑚岛上地势都较低平，一般海拔3米～5米，故而所有礁盘都向东北西南凸出，岛屿也多位于礁盘东北或西南角上，轮廓弯弯曲曲，形态各异。礁盘边缘陡立，连同圆锥形海底火山一起高高耸立在几千米的海底之上，立体形态犹如耸立深海中的石剑。

当你乘飞机飞越南海上空时，你就会看到一个个珊瑚岛犹如绿色

广西涸洲岛

的宝石撒落在蔚蓝色的海面之上。白色的海浪像一只玉环围绕着环岛沙滩，沙滩中是一块块青翠的绿洲。如果乘船去西沙群岛，茫茫大海之中，你首先会看到一方天空中有大群海鸟在低翔，过一会儿就可见高耸于海面的树木，再过一会儿，在白浪成带、浪花飞起之处，就可以看见珊瑚岛了。

登上珊瑚岛，见到的便是一派独特的热带海岛风光。珊瑚岛边白沙如带，银光闪耀；岛中绿洲，青草如茵，树木成林，麻枫桐挺立，迎风起舞，引来无数海鸟群集生息，成为南海中的海鸟天堂。珊瑚礁缘或礁湖之中是珊瑚的丛林，种类繁多的珊瑚，五彩缤纷，千姿百态；活珊瑚随波摆荡，婆娑多姿；死珊瑚如灌木丛林，疏密相宜，五颜六色的鱼虾参蟹游来爬去，在各种宽窄不一的海草之中，更显生动别致。

珊瑚岛外到处都有优良的海滨浴场。这里终年如夏，水温昼夜温差不大，海水洁净，任何时候都可沐浴弄潮，不论你如何嬉闹击波，都是一汪清澈的海水，可以说再没有比南海诸岛更清洁的海水浴场了。

第二章　中国海岛巡礼

◉　◉　◉　　◉　◉　◉　◉　◉

　　我们的祖国，不仅有三山五岳之雄伟，还有四海千岛之秀丽。当你在晴朗夏日来到风景迷人的海滨，可以看见在那水天一色、烟波浩渺处，坐落着一座座郁郁葱葱、犹如蓬莱仙境的海岛。置身于那海阔天高的博大世界，倾听惊涛骇浪与海岛撞击的隆隆响声，你会产生

美丽的海南岛

无数关于海岛的奇思遐想，你一定禁不住要去了解它、欣赏它。祖国美丽的海岛像一部生动的教材，会激发你对伟大祖国的无限热爱。

一、风貌各异的基本形态

展开大幅中国地图，你就会看到在与我国大陆相接的四个海域中散布着大大小小不计其数的海岛。它们形态各异，面积大至几万平方千米，小到弹丸之地。一般说来，陆域面积500平方米以上的称岛；500平方米以下的称礁。水面以下大的礁盘称暗滩，小的礁盘称暗沙。

我国大约有海岛6500多个，面积总共38700多平方千米。这些岛屿的海岸线总长约有14247.8千米。这些岛屿有的单独坐落，有的成群分布，因此有孤岛和群岛（有些称

南沙群岛海洋站

列岛）之别。在我国的岛屿中，陆域面积超过3万平方千米的有台湾岛和海南岛；超过1000平方千米的有崇明岛；200平方千米～500平方千米的有舟山岛、东海岛、海坛岛、东山岛；100平方千米～200平方千米的有玉环岛、上川岛、厦门岛、金门岛等9个；50平方千米～100平方千米的有六横岛、金塘岛等14个；20平方千米～50平方千米的有石城岛、桃花岛等20多个；10平方千米～20平方千米的有南长山岛、湄洲岛等30多个；5平方千米～10平方千米的有大鱼山岛、大万山岛等几十个；陆域面积在5平方千米以下的岛占我国海岛的绝大部分。大的群岛有舟山群岛、长山群岛、庙岛群岛、万山群岛、西沙群岛和南沙群岛，以及韭山列岛、鱼山列岛、礼是列岛等40多个列岛。

根据科学家20世纪90年代初的考察，在我国的岛屿中，有人居住的有500多个，有淡水的有600多个。较大的海岛一般都有海湾、锚地和港口，可供船舶避风、锚泊和停靠。大的海岛与陆地的自然景观、植被基本相同，并有可供食用

的淡水。像台湾岛和海南岛这样的大岛也具有自己的气候、水系和动植物特征，形成独立的自然生态综合体。而那些陆域面积在1平方千米以下的小岛，则与大岛大不相同。这些小岛上没有河川，土地贫瘠，植被稀薄，动植物种类稀少，也很少有地下淡水，没有调节生态环境的自然能力，生存条件恶劣。

我国海岛的形态、地势千差万别。有的拔海而起，座座山峰直指蓝天；有的地势低平，如同海中绿洲；有的宽阔，一望无际；有的小如弹丸。从空中俯视，可以看见海岛的四周被白色的浪花勾画出形态各异的平面轮廓。

按与大陆的关系分类，我国海岛可分为大陆岛和大陆斜坡上的海洋岛两大类。由于物质组成的差别，大陆岛又分为基岩岛和冲积沙岛；海洋岛又分为珊瑚岛和火山岛。与大陆地质构造相似或有联系的称大陆岛。大陆岛一般靠近大陆，与大陆仅有浅海相隔，海岛植被等自然景观与附近大陆基本相同，如台湾岛、海南岛及其沿海岛屿。海洋岛是海洋自生的岛屿，物

石板上的蛇

质来源于海底火山熔岩和火山灰或造礁珊瑚骨骼，在地质结构上与大陆没有联系，一般远离大陆。但我国的海洋岛又不同于大洋中的海洋岛。我国的海洋岛大多位于大陆架或大陆坡阶地上，地质构造与大陆有间接联系。例如，海底火山形成的澎湖列岛就位于台湾海峡大陆架上，珊瑚形成的南海诸岛又位于南海大陆坡上。由于组成海岛的物质结构与大陆不同，海洋岛的地貌形态和植被也独具特色：火山岛呈凸起圆锥形，珊瑚岛则呈低平条状，动植物种类明显少于大陆。我国的大陆岛大小高低悬殊，平面形状多种多样，岛的海岸多自然港湾，海面以下地势自然倾斜。例如，台湾岛的玉山高达3997米，而崇明岛海

千岛湖中的小岛

拔只有几米。海洋岛中的珊瑚岛平坦无丘，海拔多数也只有几米，面积多数在1平方千米以下。珊瑚岛的下面一般是一个大礁盘，礁盘边缘地形急剧倾斜直到深海海底。我国的火山岛面积也不大，面积均在几十平方千米以下，海拔不过四五百米，多为不规则的火山锥或破碎的玄武岩台地。

二、纵横千里的地理分布

我国海岛的分布范围相当广。在与我国毗连的470多万平方千米的海域中，北自北纬41°的渤海辽东湾顶，南到北纬4°附近的南海南部，西起广西的北仑河口，东至东海东部，纵向跨越37个纬度，长达4000多千米，横向延伸17个经度，宽约1700多千米，都有属于我国的海岛散布海面。我国的岛屿所占海域面积达100多万平方千米。它们多数呈断断续续的岛链镶嵌在大陆近岸，少数呈群岛形式星罗棋布于远海之中。在地图上，如果你仔细观察，这些海岛不论离大陆远近，也不论是群岛、列岛，还是单个孤岛，它们的长轴走向大体都是呈北东或北北东方向展布，排列也很有规律，好像是大自然的有意安排。地质学家告诉我们，这是由于它们受华夏或新华夏构造体系的控制，才有这样的分布格局。

在邻近我国的4个海域中，东海岛屿个数最多，约占全国海岛总数的2/3。仅浙江沿海就有3000多个岛屿，而且分布比较集中。大岛、群岛也较多，并沿近海分布，如台湾岛、崇明岛、海坛岛、东山岛、金门岛、厦门岛、玉环岛、洞头岛和舟山群岛、南日群岛、澎湖列岛等岛群；只有钓鱼岛、赤尾屿等几个小岛分布于东海东部。

南海岛屿数量位居第二，约有1700个，占我国海岛总数的1/4左右。其中绝大部分靠近大陆，主要

海洋中的岛屿

大岛和群岛有海南岛、东海岛、上川岛、下川岛、大濠岛、香港岛、海陵岛、南澳岛、涠洲岛和万山群岛。只有属于珊瑚岛群的南海诸岛远离祖国大陆。相比之下，黄海岛屿较少，只有500多个，主要分布于黄海北部、中部的我国大陆一侧和渤海海峡，多为陆域面积在30平方千米以下的小岛，并主要以群岛形式分布。

渤海是我国海岛数量最少的海域，只在沿岸有零星的分布，面积更小，主要有菊花岛、石臼坨、桑岛。分布格局上，在山地、丘陵海岸及河口附近较多，在平原海岸外

很少有岛屿存在。

三、中国海防的前哨

我国的海岛，是我国神圣和宝贵的海上国土。别看有的海岛面积很小，却是我国海洋权益的标志和拥有周围海域底土资源主权权利的象征。拥有一个孤立小岛的领土主权，就拥有其周围43万平方千米海域丰富的海洋生物和海底油气资源的捕捞与开采的权利。海岛因此具有重要的经济战略地位。

翻开我国自1840年~1949年的百年屈辱史，自鸦片战争开始，帝国主义列强无不是从海上攻破我国

的国门。他们为了站稳脚跟，首先占领我国的海岛，然后以此为据点入侵我国内陆。因此海岛也具有重要的军事战略地位。海岛还是进行海洋研究开发的补给基地。如果以大陆海岸为基地，船只往返一次就要增加时间和燃料消耗，而利用海岛作为补给基地那就方便多了。

在我国国力日益强盛的今天，海岛成了祖国的海上堡垒，绵延的岛链构成了祖国的海防天然屏障。它像一个个站岗的哨兵，注视着海疆的风云变幻，又像一艘艘锚泊的水上母舰，监视着海面的敌情动静。庙岛群岛形如一条铁链，紧锁渤海海峡；舟山群岛好似巡航舰队，驻泊于长江口外；万山群岛就像一群堡垒，构筑于珠江口前。它们巍然屹立于海防前哨，分别扼守着祖国的北大门、东大门和南大门。

四、东沙群岛

从空中俯视，位置最北的东沙群岛是由东沙岛、东沙礁及南卫滩和北卫滩四个岛、礁、滩组成，是南海诸岛中离大陆最近、岛礁最少的一群。它在海南岛东北，与汕头、香港呈三角形，居台湾岛、海南岛及菲律宾吕宋岛的中间位置。

远眺长岛

东沙群岛距广东省汕头市正南约160千米，距香港170千米、距台湾高雄240千米、距海南岛340千米，而距南沙群岛约1185千米。

东沙岛古称"南澳气"，因在珠江口外的万山群岛以东，又名"大东沙"，是东沙群岛唯一露出水面的岛屿。

东沙岛发育在东沙环礁的西部礁盘上。东沙环礁的基础不深，是在水深200米～400米大陆坡的海底阶地上发育起来的。环礁东面海底比西面海底深200米。东沙岛东西长约2800米，南北宽约700米。东北部稍高，西南部稍低，中部低洼，平均高度约6米。岛的西部原有两条沙堤伸出，包围着一个小海湾，使岛呈新月状，我国渔民称之为"月牙岛"或"月塘岛"。小海湾被填平后，全岛面积增至1.8平方千米。邻近东沙岛的东北角和西南角，各有一群小沙丘，尤以东北为多。小沙丘之间是一片浅滩，岛西北有一小沙洲，低潮时露出水面。岛西面10多千米处，有一个暗沙，水深22米。岛西面7千米处有一小滩，水深9米。由于东沙岛四周均有暗礁，雾天时近岛2千米仍不见岛形，船只停泊要特别小心。岛南北方各有水道，南水道较北水

远望东沙

道宽且深，障碍少。东沙岛上植物丛生，野草遍布，间有仙人掌、野菠萝等，其中以麻枫桐生长最为茂盛，岛东南有椰子树。由于东沙岛上全由珊瑚和贝壳碎屑风化而成的白砂所覆盖，远远望去一片亮丽的白色闪光，加上全岛遍布短小的热带灌木林，在白色和翠绿色两相衬托下，令人感到神清气爽。

东沙岛是著名的"海人草"一种藻类，有驱虫功效，这里的"海人草"不仅质量好，产量亦高，主要分布在岛的西边和西南边8米～9米的礁盘上，但水深难采。而在岛的东西和东北水深2米的礁盘上亦生长了不少，相对较易采集。

东沙岛的东侧有一个暗礁叫东沙礁，与东沙岛同在一个礁盘上。东沙礁是一个半圆形环礁，直径20千米～22千米，环礁长46千米，宽2千米。环礁西北部堆积了很多大小不一的低矮珊瑚屑沙丘，长约2千米，其上长着草丛和灌木。环礁中间是礁湖，水深0.6米～16.4米不等，中央部分较深。礁湖内有很多珊瑚小丘浅滩，风浪比较平静。低潮时，环礁东、南和北部礁盘完全露出水面。

在东沙岛西北约84千米处，就是南卫滩和北卫滩，也是隐没在水下的珊瑚礁滩。两滩相距9千米，排列呈北东向。北卫滩在东北，比南卫滩稍大，200米等深线呈椭圆形，长20千米，深达185米，最浅处水深64米。南卫滩稍小，200米等深线也呈小椭圆形，直径10千米～18千米，最浅处58米。两滩间有334米深的海沟。两滩上栖息着为数众多的虾。南卫滩和北卫滩均不妨碍航行，只是退潮时浪花较大。北卫滩北方约18千米处有一北东向浅滩，水深11米～34米。

东沙岛地处南海北部的中间位置，北扼台湾海峡，东控巴士海峡，西扼南海航道，故军事地位非常重要。岛上目前有飞机场、码头、大型发电厂、水库、气象台等大型设施。东沙机场最早是在第二次世界大战期间日军占领该岛时所建，抗日战争胜利后，国民党军队接收沿用，1965年重建。后因风化导致龟裂，台湾当局又于1986年拨款再建。机场内有无线电导航设备、塔台、候机室，可供数架运输机起降。台湾的军用运输机定期由台湾飞往东沙执行运输任务，同时进行邮件的传递等。从台北的松山军用机场起飞，25分钟后可到达澎湖列岛上空，再往西南飞到东沙，全程需要一个半小时；而由海上航船一般需要20个小时，才能由高雄到达东沙。

东沙岛西南侧有一座码头，可同时停靠小型登陆舰艇三艘。岛上有两座发电厂，使用四部德国制造的发电机，可以24小时供电。另外，岛上有大型水库三座及小型水库多座，蓄满水后可供全岛人员饮用两年。东沙岛上还准备再建一座10万加仑的水库。岛上有一座气象台，每天向附近地区提供两次高空气象资料。

东沙岛由于地质关系，风化后的珊瑚形成了白色的细沙，东沙人把这些细沙做成一幅幅"沙画"。沙画是东沙岛独一无二的特产，岛上人将白沙加工后，染成各种颜色，拼成各种图案，然后用胶固定，很有特色。

有人说，到了东沙岛未到海神庙，就不算到过东沙岛，因为它是岛上仅有的旅游胜地。海神庙内供奉着关公，据说这尊神像是1948年大陆渔民乘独木舟抢滩运上来的，因而成为岛上流传的一段佳话，这条独木舟目前仍停放在庙旁。

五、中沙群岛

在南海的波涛下，有一群未出水的"芙蓉"，那就是隐伏水中由20多个暗沙、暗滩组成的中沙群岛。这是一组从东北向西南延伸，长约139千米、最宽处61千米、断续相连的暗沙群。它在西沙群岛之东南约111千米，距永兴岛南约200千米处，中沙群岛呈椭圆形，环礁周浅中深，中部水深约70米，其顶部离水面最浅处在13米～15米之间，所以中沙群岛实际上是一个未露出海面的环礁。

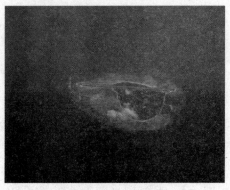

从空中看到的中沙群岛

中沙群岛较长的暗沙多分布在环礁的四周。如北缘的比微暗沙，东西长15千米；美滨暗沙，东西长9千米。西缘的华夏暗沙，东西长5千米。南缘的波伏暗沙和东缘的武勇暗沙，东西各长4千米。浅湖中发育的礁墩不呈长条状，多零星分布，面积也较小。

中沙环礁边缘突起，说明该环礁原是在海面附近形成的，因为环礁边缘海面氧气充足，浮游生物含量大，才能使礁边缘生长迅速，变得突起。但是，目前中沙环礁却沉没于水中，这是由于在最近地质时期中，海面不断上升和海盆不断下沉造成的。中沙环礁正好处在南海海盆下沉速度最大地区，所以它不像西沙群岛中的环礁和它东面的黄岩岛所在的环礁那样在接近海面处出现。

中沙大环礁边缘宽超过5千米、水深12米～16米的暗沙、暗滩达20座。在北部边缘有水深5千米～6千米的中北暗沙，水深15米～20米的鲁班暗沙，西部有水深13米～20米的本固暗沙，水深16米～18米的西门暗沙，水深13米～20米的控湃暗

沙，水深18米～20米的涛静暗沙，水深16米～20米的排洪滩。南部有水深18米～20米的果淀暗沙，水深15米～20米的排波暗沙，水深16米～20米的布德暗沙，水深16米的美溪暗沙。中间有水深18米的安定连礁，水深18米～20米的隐矶滩。这些边缘暗沙、暗滩间的断缺部分，成为出入其内部的天然通道。

大环礁内的大潟湖中也散布一些暗沙，潟湖东部已知的有6个：水深15米～20米的石塘连礁，水深16米～18米的指掌暗沙，水深15米～16米的南扉暗沙，水深15米～18米的屏南暗沙，水深9米～15米的漫步暗沙和水深16米的乐西暗沙。潟湖西部未经精测，但有海鸟出现。海鸟一般仅能离岛56千米。这表明潟湖西部可能有点礁及暗沙的存在。

从中沙大环礁边缘至中部存在着三级水下级地：第一级为大环礁中暗沙、暗滩，水深12米～26米；第二级为大环礁暗沙、暗滩周围，水深55米～65米；第三级为潟湖中部，水深65米～85米。潟湖中最深处可达109米。晴天在蓝黑色的海

洋中，大环礁像一条绿带一样；在天气恶劣时则波浪极大，环礁边缘浪高而乱，航海中极易辨认。

中沙环礁是各种珊瑚繁生的场所，如突起状的暗沙，就是巨大的珊瑚礁构成的。大块的滨珊瑚、脑珊瑚是主要造礁种属。滩面上还有各种鹿角珊瑚、玫瑰珊瑚、石芝和各种海葵、海胆、海星等，构成了旺盛的珊瑚生物群落。这种生物繁多的礁区，引来了不少鱼类，使中沙群岛附近海域成为良好的渔场。所以早在清代初年，就已对中沙环礁做了探测。如清代谢清高的《海录》一书中，说它"约宽百余里，其极浅处，止深四丈五尺"，大约是15米，和今天的测量结果基本相符。

中沙环礁在暗沙和暗滩的衬托下，海水显得异常深绿，波浪亦是汹涌混乱，和环礁外深海区迥然不同。隐伏水中的中沙环礁，由于珊瑚生长旺盛，只要地壳不再下沉，或海面不再较快地上升，在若干年后，有些暗沙就会伸到海面附近，成为沙洲或岛屿。那时，中沙群岛就是名副其实的群岛了。

六、南沙群岛

南沙群岛是南海诸岛中位置最南、岛礁最多、分布最广的群岛。南北长达926千米，东西宽达741千米。由100多座岛、洲、礁、沙、滩组成。其中露出水面的岛屿和沙

南沙群岛上的鸟群

洲有30多座。

南沙群岛的岛、洲、礁、沙、滩分布是与这一海区的海底地形特征密切相关的。在南沙群岛海域有两条海底峡谷，一条位于南华礁北侧，近东西向；一条在西月岛东侧，呈南北走向。这两条海底峡谷大致呈丁字形相交，明显地把海底分成三部分，即西北部、东北部和南部，因而南沙群岛也相应地被分成三个部分。

南沙群岛的西北部，是南沙群岛中群礁最集中、岛屿和沙洲最多的部分。岛屿和沙洲大多同时出现在同一群礁中。南沙群岛的东北部、西北部和东北部以南，岛、洲、礁、沙、滩数量虽然较多，但分布较散，绝大多数仍潜伏水下。

南沙群岛的曾母暗沙、八仙暗沙、立地暗沙和亚西暗沙，是南海诸岛最南端的一组岛礁，这里才是真正的"天涯海角"，是中国最南的领土。曾母暗沙最浅处离海面只有21米；八仙暗沙最浅处离海面23.8米；立地暗沙最浅处离海面34.7米。亚西暗沙分西、北两个暗沙。

南沙群岛中部的广大区域，

岛礁众多，是航行上的"危险地带"。"危险地带"以西岛礁，以北纬10°为界线分为南北两组。北组包括郑和、中业、道明等群礁和双子、渚碧、福禄寺、大现、小现等礁以及永登、乐斯等暗沙。南组包括南威岛尹庆群礁、永暑、日积等礁，加冕、快乐、南薇、广雅、人骏、李准、西卫、万安等暗滩，逍遥、隐遁、奥援等暗沙及安波沙洲等。

郑和群礁在外国海图上称"堤闸滩"。"堤闸"是偷测南沙群岛的英国人"TIZARD"的译名。郑和群礁是南沙群岛中最大的一个环礁。在这个环礁上发育着太平岛、鸿庥岛、沙岛（即敦廉沙洲）、舶兰礁、安达礁、南薰礁等。

太平岛，俗称"黄山马峙"，位于郑和群礁西北端，岛形如梭，长1400米，宽460米，面积0.43平方千米，是南沙群岛中最大的岛屿。平均高约3.8米，岛的东部最高达4.18米，西部为3.14米。岛四周为珊瑚礁环绕，低潮时礁环几乎全部露出海面。礁盘内东西两端较宽，分别为450米和650米，南北两

南沙风光

侧较窄，西南部最窄，仅150米。

太平岛靠近赤道，终年高温多雨，岛上土色黑褐，甚为肥沃，树林遍布，椰树、木瓜树、香蕉树丛生其间。台风对这个岛威胁不大，但个别年份，也可为害。如1937年10月15日至21日，台风过境，风速达21米/秒，使果树受到严重损害；1947年的一次台风，曾把岛上房屋吹塌。

太平岛是中国渔民活动的基地。海南岛渔民居住岛上，从事捕捞海参、鱼类等活动。岛上有他们建筑的房屋、神庙、坟墓和水井

等。据琼海县调查资料显示，80多年前海南岛渔民在该岛西北建"伏波庙"一座，并在岛西北挖井一口，种椰子树约200棵。

太平岛距榆林港约926千米，处在新加坡、马尼拉与香港、广州航线要冲，位于南海心脏地带。目前，太平岛为台湾当局军队守卫。据香港1970年11月出版的《掌故月刊》上《南沙纪行》一文中的报道，台湾当局军队在岛南建有镇南厅，中部有20米高的纪念碑一座，刻有"南沙群岛太平岛"等字样。岛东南有钢筋水泥废墟一座，附近

南海心脏——太平岛

有观音庙一座，庙旁有一石屋，内供菩萨，为中国渔民早年留下的遗迹。登陆码头附近有防波堤一座及"威望"楼，楼高三层。岛中部有建筑物多座，水井19口。台湾省开设的"南沙开发工作站"一所，盖有楼房三幢。

鸿麻岛，俗称"南乙峙"或"南密"，在太平岛南22千米处，郑和群礁西部的南缘，岛的东西长约600米，南北宽约200米，面积约为0.07平方千米，高6.2米。岛上树木茂盛，有椰树，海鸟群栖，虽有淡水，但水质不好，不能食用。

沙岛，又名"敦廉沙洲"，俗称"马东"，在太平岛东12千米处，呈椭圆形，长约500米，宽约300米，岛上有高达四五米的灌木。岛四周为珊瑚环绕，距岸400米～500米，与太平岛之间有一浅滩，滩中有一圆形珊瑚礁，直径1.3千米，涨潮时被淹没。沙岛与该礁之间的水道深约10米～18米。

沙岛东北为舶兰礁，呈卵形；郑和群礁东端为安达礁，俗称"银锅"或"银并"，是尖凸巨大的礁体，其上有珊瑚礁露出海面；郑和群礁西南端为南薰礁，中有两块礁体组成的暗礁。

道明群礁也是一个环礁，在环礁四周发育着一个岛屿，即南钥岛、两个沙洲和四个暗礁，其中一个叫杨信沙洲。

南钥岛，俗称"第三峙"，在道明群礁南缘，距太平岛15千米，略呈圆形，直径约为270米，面积约0.06平方千米，高出海面约2米，是南沙群岛中最低的一个岛。岛上有浓密灌木，有中国渔民种植的椰树和建筑的神庙、茅屋、水井等。

杨信沙洲在南钥岛东北约12千米处，略呈圆形，直径约100米。南钥岛西北约9千米处有一沙洲，面积超过杨信沙洲，俗称"双王峙仔"。南钥岛东北4千米处，有一小暗礁。杨信沙洲东北6千米～7千米处，有两个小暗礁，低潮时，都会露出水面。

双子礁又称"双子岛"，俗称"艾罗""双峙"，是一座近似菱形的环礁，环礁自东北至西南长达16千米，宽9千米。在环礁上发育有两个岛屿，即北子岛和南子岛。退潮时在礁的东北端和南端又露出两个珊瑚礁，俗称"贡仕铲"和"艾罗铲"。

北子岛俗称"艾罗上峙"，在双子礁西北侧，与南子岛共居于双子礁上。岛长约900米，宽约400米，面积约0.13平方千米，平均高出海面约3.2米，四周为沙堤包围。岛西部有树林灌丛，中部及南部为草地。岛中部有清泉。岛上海鸟群集，鸟蛋遍地。北子岛是南沙群岛中最北的岛屿，是中国渔民活动的基地之一。岛上有中国渔民建的房屋、开垦的田地、种植的椰树等。

南子岛，俗称"艾罗下峙"，在北子岛西南3千米处，岛呈椭圆形，长约600米，宽约350米，面积约0.12平方千米。岛上长满林木、草丛，是海鸟产卵的场所。岛上常有海南岛渔民居住，有他们种植的椰树，有石围屋基和田地。

中业群岛，又名"中业群礁"，由两个环礁组成，位于东面的称"东滩"，位于西面的称"西滩"。西滩长约19千米，宽约6千米，环礁上发育着一个岛、一个沙洲和三个暗礁。东滩长约8千米，宽约4千米，环礁上有三个暗礁。中业岛，俗称"铁峙"，是南沙群岛第二大岛，在中业群礁西滩环礁的东端，岛呈三角形，最长处800米，最宽处500米，面积约0.32平方千米，高出海面约3.3米。本岛为一低洼沙岛，四周珊瑚礁环绕，礁石伸展至岛西约2千米，其余各方约600米，东北侧礁盘长800米，东南侧礁盘紧贴岛边。岛之西南1.8千米处，水深7米。岛四周有宽60米的沙堤包绕，南面礁盘较窄，平时风浪较小，易于登陆。岛中产有鸟粪层，西南端灌木茂盛，有中国渔民种植的椰树，岛西有他们挖掘的一口水井，水质良好。

尹庆群礁由西礁、中礁、东礁、华阳礁及一个沙洲组成。

西礁，俗称"大弄鼻"，为一环礁。南侧有缺口，口大且深，可进几百吨级船只。环礁东缘有一白色沙洲，高0.6米，无草木，缺淡水。渔民常在沙洲上晒海参。

中礁，俗称"弄鼻仔"，在西礁东北15千米处，为一环礁。礁东南有一沙堆，低潮露出海面。

东礁，俗称"铜铳仔"，在东礁以东17千米。礁呈弓形，无礁环。

南威岛，俗称"鸟仔峙"，岛略呈等腰三角形，长750米，宽380米，面积0.14平方千米。岛四周有高5.5米的沙堤。岛上灌丛茂密，鸟粪丰富，海鸟于产卵期间群集岛上，鸟卵遍地，"鸟仔峙"即由此得名。岛东北方礁盘有深达14米左右的水道，轮船可驶入停泊。南威岛是南沙群岛中北纬10度以南的最重要的岛屿。岛西端有海南岛渔民于80年前挖的水井一口，可供食用。据琼海县调查材料记载，文昌县渔民曾长期在岛西南方居住，并在他们的住宅里修建水泥地窖，存放海味干货和粮食等。

渚碧礁，俗称"秋尾"或"丑末"，在中业岛西南2.8千米处，为一完整环礁，无缺口入浅湖，低

南子岛

潮时露出。

福禄寺礁长900多米，狭窄。

大现岛，又称"大现礁"，俗称"劳牛劳"或"老鱼老"，为一环礁，低潮时大部分露出。

小现礁在大现礁东19千米处，为圆形珊瑚礁块，低潮时有多处露出海面。

永署礁，俗称"尚戊"，低潮时露出。礁盘上有三处隆起，平时露出水面。

日积礁，俗称"西头乙辛"，在南威岛西26千米处，为一环礁，低潮时有数处露出，可进20吨级船只。

安波沙洲，俗称"同章峙""锅盖峙"，长137米，宽200米，面积0.016平方千米，高2.8米。洲上杂草丛生，无树木，缺淡水。海南岛渔民常来此活动，曾在

岛上用石块、珊瑚礁块、木板、竹子等建房屋。

此外，"危险地带"以西的岛、礁呈环礁结构的暗沙还有永登暗沙、乐斯暗沙，呈环礁结构的暗滩还有广雅滩、南薇滩。南薇滩东北有一暗礁，水深仅3米，风浪极大，被称为"蓬勃促堡礁"，南端滩面上隆为金盾暗沙，东侧为奥南暗沙。不呈环礁结构的暗沙有逍遥暗沙、隐遁暗沙、奥援暗沙。不呈环礁结构的暗滩有人骏滩、李准滩、西卫滩和安滩。

南沙群岛的"危险地带"以南，全是浅礁、暗沙和暗滩。

弹丸礁，俗称"石公厘"，为一环礁，低潮露出，有浅湖，但无缺口相通。其东端有高出海面1.5米～3.0米的珊瑚。所以，弹丸礁可以称为"弹丸"岛。皇路礁，俗称"五百二"，在弹丸礁西南50千米处，为一环礁，低潮时露出，有浅湖，但无缺口相通，其东南部有高出海面0.6米～1.2米的大块珊瑚礁，东侧也有珊瑚巨块露出，所以皇路礁可以称为"皇路岛"。

南通礁，俗称"丹积"或"单节"，在皇路礁西南78千米处，为一环礁，有浅湖，但无缺口相通，所以南通礁可以称为"南通岛"。

保卫暗沙则为一孤立暗沙。

北康暗沙群包括南屏礁、南安礁、哈尔迪浅滩、木迪浅滩和友谊暗沙。其中南屏礁俗称"墨瓜线"或"棍猪线"，和南安礁在低潮时有部分露出海面。

南康暗沙群包括宁礁、海安礁、礼门礁、禄康礁、海宁礁、澄平礁及科木斯暗沙等。

南沙群岛的"危险地带"以东，只有一座暗滩，三座暗沙。

海马滩不呈环礁结构，最浅处水深8.2米。

蓬勃暗沙，俗称"东头乙辛"，为一环礁，低潮时露出。有浅湖，但无缺口相通。

舰长暗沙，俗称"石龙"，不呈环礁结构。

半月暗沙，俗称"海公"，为一半月形环礁，东南有宽阔缺口，可通过300吨级船只，浅湖内水深不一，部分见底，为中国渔民主要作业场所。

南沙群岛"危险地带"以内

海边礁石

的岛、礁，星罗棋布，数目众多，范围广阔，探测未详。其中岛屿多分布在"危险地带"以内的西部，暗礁多分布在"危险地带"以内的中部，暗沙多分布在"危险地带"以内的东部和南部，暗滩全分布在"危险地带"以内的北部。

马欢岛，俗称"罗孔"，岛呈长形，长约580米，高2.4米。岛上杂草丛生，无树木。挖沙两尺，可得淡水，水质良好。海鸟栖居甚多。文昌县渔民曾在此自搭草棚居住，有的长居至数年，并以该岛为驶向他岛的中转站，或来此补给淡水。

费信岛在马欢岛北，岛长200多米，面积0.06平方千米。岛上林木茂盛，鸟粪丰富。

红草峙，又称"西月岛"，在南子岛与马欢岛之间。岛长约1千米，宽约500米，面积0.15平方千米，是"危险地带"内较大的岛屿。岛上树木茂盛，挖沙为穴，可得淡水。海南岛渔民常来此捕鱼，岛上有他们种植的椰子树和建造的神庙一间、坟墓三座。岛西南端椰树下有水井，水勉强可食。岛附近是良好渔场。

景宏岛，俗称"第峙""钩峙"或"秤钩"，面积0.004平方千米。岛上有树木，有海鸟栖居，鸟粪较多，岛上有淡水，但不能饮用，与景宏岛同位于三环礁上的有华礁，俗称"钩线"或"大秤钩"；还有高邻礁、章礁，俗称"鬼喊线"；以及威南礁，俗称"九章头""牛轭"等。

毕生岛，俗称"石盘"，为一环礁，低潮时露出水面，有浅湖，南侧有缺口，16吨帆船可入。礁盘上有一片珊瑚礁露出水面，无草木。环礁西南部还有一块珊瑚礁露出水面。

柏礁，俗称"海口线"，为橄榄形暗礁，中有一小环礁，礁盘大，水浅，适于渔业作业，为海南渔民主要生产场所。

捷胜礁，俗称"五孔""五凤"，附近有五个礁滩，其中有两个呈环礁结构，一在东南、一在西北。浅湖内水较深，但不能进船，低潮时露出。海南岛渔民到红草峙、马欢岛、费信岛，一般是渔业作业。

仙娥礁，俗称"鸟串"，为一小环礁，有浅湖，船不能进。

美济礁，俗称"双门"，环礁内水深，南端有两缺口，可进50吨级船只。

南济礁，俗称"铜钟"，礁盘东北端有一白色沙堆，无草木，缺淡水。

司令礁，俗称"眼镜铲"或"目镜"，为一环礁，无缺口通浅湖，低潮时露出，有高出海面的礁块。

安渡礁，俗称"光星仔"，为一环礁，低潮时露出。礁圈外礁盘上有一深沟，可驶进20吨级船只。

大獭礁，俗称"大光星"，为一不规则的完整的环礁。无缺口通浅潮，低潮时礁环露出。

仙宾暗沙，俗称"鱼鳞"，无环礁结构，低潮时露出，礁盘凹凸不平，形似鱼鳞。

信义暗沙，俗称"双坦"，为一小环礁，无缺口通浅湖，低潮时露出。

仁爱暗沙，俗称"断节"，为一环礁，低潮时露出。有浅湖环礁，南侧有数处缺口，可进30吨级船只。

海口暗沙，俗称"石良""脚坡"，为一环礁，无缺口通浅湖，低潮时露出。

榆亚暗沙，俗称"深匡""深圈"，为一不连续环礁。环礁北半部低潮时露出。环礁分四段，东北端俗称"线排头"，北端俗称"二谷"，西端俗称"浪口"，西南端俗称"屁股"。西南、南、西北方各有一个入口，均可进船只。

利加礁，俗称"簸箕"，无礁环，低潮时全部露出。

南沙群岛的"危险地带"以内岛、礁，除上述者外，还有安塘岛、立威岛、玉诺岛、息波岛、阳明礁、东坡礁、火星礁、百克礁、蓬莱礁、蔡伦礁（俗称"火埃"）北恒礁、伏波礁、孔明礁、李白礁（俗称"三角"）、鹤礁、先锋礁、破浪礁、指向礁、华南礁、镇南礁、神仙暗沙、蒝兰暗沙、红石暗沙、和平暗沙、泛爱暗沙、金吾暗沙、校尉暗沙、南乐暗沙、都坊暗沙、礼乐滩、忠孝滩、仙后滩、棕滩等。

南海诸岛除东沙、西沙、中沙和南沙四大群岛外，还包括宪法暗沙、一统暗沙、神狐暗沙和黄岩岛等。

宪法暗沙在黄岩岛西北167千米处，呈东北到西南伸展的长椭圆形，长约20千米，宽11千米，最浅处水深18米。暗沙四周急坡直降到4000米的南海海盆上。

中南暗沙位于东经13°57′，在黄岩岛与中沙大环礁之间偏南，

棒槌岛

外文名称为"德雷尔浅滩",最浅处水深272米。

一统暗沙在中沙大环礁北面约259千米,由三块暗沙组成,共长31千米,宽4千米。最北暗沙长3千米,宽2千米,一般水深14.6米,最浅处11.8米,故大风时能使海面产生波浪,中部和南部暗沙最浅处分别为47米和49米。

神狐暗沙在北礁东北319千米处,东西长4千米,宽3千米,一般水深14.6米,最浅处12.8米。

黄岩岛,在中沙群岛东南296千米处,为一个略呈等腰三角形的大环礁,东西长15千米,南北宽15千米,周长约55千米,面积约150平方千米。礁缘峻峭,礁盘上有数以千计面积1平方米~4平方米不等的大礁块,突出海面0.3米~1.5米,在水下的一般有0.5米~3.0米。最高者为"南岩",高出海面1.8米,位于环礁东南。"北岩"位于北面,高出海面1.5米,"南岩"的东侧有一水道通入潟湖,宽约400米。潟湖内西北和东南方深约2.2米,中部偏东南最深,为17.8米。湖水清绿,礁内生长着以

藻类为主的浮游植物和以小型桡足类为主的浮游动物。黄岩岛四周是深海区,水深在3500米以上,黄岩岛仅一巨大的珊瑚礁岩柱,从4000米深的海盆上一直伸到海面。

七、西沙群岛

西沙群岛位于海南岛东南方180千米处的茫茫大海中。它由30多个岛礁组成,陆域面积8平方千米,是南海诸岛中岛屿出露水面最多、岛陆面积最大的一个珊瑚岛群。西沙群岛的东半部称宣德群岛,由赵述岛、北岛、中岛、南岛、石岛、东岛和永兴岛7个主要岛屿组成;西半部称永乐群岛,由甘泉、珊瑚、金银、晋卿、琛航、广金、中建等8个主要岛屿组成。其中永兴岛最大,面积1.85平方千米,是南海诸岛中的第一大岛。群岛中除石岛为岩礁岛外,其余都是珊瑚岛。地势低平,形态各异,除永兴岛和东岛外,陆域面积都不足1平方千米。只在石岛上有海蚀崖柱等海蚀地貌发育。

西沙群岛坐落在海南岛东南大陆坡台阶上,基底是前寒武纪的花

西沙群岛也有"危险地带"

岗片麻岩和火山碎屑岩，是在水深900米～1000米的基座上发展起来的。永兴岛的珊瑚礁岩厚达1000多米。3000万年以来，100多种造礁珊瑚在这里用自己的身躯筑成了颗颗碧海明珠，也建造了美丽的海底公园。永兴岛上道路纵横，一座座楼宇干净明亮，周围青草铺地，麻枫桐、羊角树、椰子林、枇杷林、木黄麻林、蓖麻林郁郁葱葱，四处花果飘香。岛上鲣鸟、军舰鸟、绣眼鸟、金眶鹬以及珍贵的八色鸫和赤翡翠等飞翔于林间。其中鲣鸟最多，特别是白腹鲣鸟，全身洁白，十分可爱，飞起时遮天蔽日，落地时如白雪一片。西沙群岛海滨珊瑚遍布，色彩斑斓，形态各异，礁湖中鱼游虾泳，参螺蠕动，海草丛生，好似绚丽多彩的水族宫。

八、南湾半岛

陵水县有座不高的山——南湾岭，它伸入海中而成的半岛叫作南湾半岛。南湾半岛是猕猴的乐园，当地人称其为陵水猴子岛，是我国唯一驯养猴子的天然保护区和观赏野生猕猴的天然公园。南湾半岛的猴子属猕猴的一种，体形较小，被称为恒河猴或广西猴，是国家二级保护动物。

南湾半岛面积9.33平方千米，南湾岭主峰海拔250多米，满山生长着灌丛林和许多野生果树，如椰子、杧果、菠萝、山蕉、山橘、阳桃、乌墨、桃金娘，果实丰盛，气味芳香，一茬接一茬，终年不断。这里聚集的猴子多达上千只，它们三五成群，在山顶周围欢腾奔跃，追逐于山石、洞穴、树木、花草之间，喧闹声不绝于耳。别看猴子满山，但它们只属两大群体，而且都有各自的领地，两只猴王各领一方，一般互不侵犯。为此保护区设立了两处喂食场。每天大约上午9点和下午4点，驯养员"开饭"的哨子一响，霎时间漫山遍野枝动叶摇，沙沙作响，大大小小的猴子成群结队，欢叫着奔向各自的食场。它们蹦着跳着争抢食物，千姿百态，十分可爱，使这里成为观猴的胜地。

九、辽东和山东半岛

打开中华人民共和国地图，我们可以看到祖国最大的两个半岛——辽东半岛和山东半岛南北合抱，成为护卫渤海的两扇大门。几千万年前，白浪滔滔的渤海是一片

西沙群岛

低洼的陆地，那时辽东和山东半岛是联结在一起的，称为"胶辽古陆"。以后随着地壳的剧烈变动，古陆的一部分陷落为渤海，辽东半岛、山东半岛由此被海水分隔，遥相对望。

我国大陆东部最高的长白山（主峰海拔2744米）向南延伸称为千山山脉，它组成了辽东半岛的骨干，使半岛的大部分海岸属于山地丘陵海岸性质，习惯上叫岩岸。尤其是半岛南端的侵蚀海岸，有陡峭的悬崖，低平的台地，深邃的洞穴，奇特的拱桥，石林般的岩柱，景色瑰丽险奇。

辽东半岛的最南端，有一座以险要著称的老铁山，海拔465米，气势雄伟，屹立在东北地区的最前哨。登临山顶，可东眺浪涛滚滚的

黄海，西观波光粼粼的渤海，北览威严军港旅顺口，南望影影绰绰的庙岛诸岛，一幅雄奇的山海风景画尽收眼底。英勇的海军战士怎能不牢牢地守卫这片海防要地呢！

老铁山还是我国北方研究鸟类生态的重要基地。每年九、十月间，百鸟云集，总数达百万余只，简直成了鸟的世界。据考察，每年冬季来临前，北方的候鸟为了觅食避寒，一路飞越渤海海峡经山东半岛南飞。老铁山就成为这些鸟群迁徙途中理想的中转站。候鸟中有斑鸠、鸳鸯、大雁、丹顶鹤、虎头尾雕等珍贵鸟类130余种。现在，老铁山已被列为国家重点自然保护区。

山东半岛陆上有较低缓的丘陵地，平均海拔在200米～500米之间，只有少数山峰超出1000米。濒临黄海的崂山，海拔1130米。鲁中的泰山，海拔1532米，巍峨挺拔，每当晴日，登山远眺，华北平原"一览无余"，给人"登泰山而小天下"之感。

山东半岛的海岸也以岩岸为

充满生机的山东半岛

多。烟台西侧的蓬莱头，荣成附近的成山头，青岛东边的崂山嘴，都是古今闻名的岩质岬角，雄伟险峻，风光独特。

山东半岛的东部，海岸线非常曲折，湾澳相连，角岩众多，其中以成山头、海猫子头和东南高角最为有名，合称"胶东三岬"，都是黄海海区航海的显著目标，设有导航站。成山头位于山东半岛的东北端，是黄海北部海区的天然航标，舰船在海上打开雷达，37千米外即可见到它的岸形回波。往返于南方和大连、烟台、天津、秦皇岛等北方诸港的船舶，都要在成山头附近的海面转向。它是我国北方航线上最重要的转向标。成山头导航站，历史悠久，颇负盛名，被航海者誉为"黄海之光"。从海上望去，现代化的导航站塔楼错落，朴实典雅，好像一座欧式的古城堡。圆形的灯塔，高60余米，灯光射程39千米，还设有无线电指向标为来往舰船导航。成山头地处胶东尽头，又当海路要冲，历来为兵家必争之地。明末经常受倭寇袭扰。清末甲午战争中的黄海之战就发生在附近

海面。1940年日军在侵华战争中曾于成山头南侧砂岸登陆入侵。旧中国有海无防，今天，祖国的海疆固若金汤。

除岩岸以外，山东半岛有一部分岸段因沙粒不断堆积而形成沙丘海岸。新中国成立前，荣成县因为沙丘随风移动淹没农田村舍，危害极大。新中国成立后，政府在沙丘海岸上大量植树造林，沙害已被制服。经过多年的精心栽培，一行行茂密的马尾松，组成了遮挡海风的防护林带，原来黄沙滚滚的大沙滩，已变成郁郁葱葱的海边"绿色长城"。

十、崇明岛

滚滚长江，奔腾万里，江涛不息，气势万千。在这辽阔的长江口，有几座绿色的沙岛，浮现在江涛之中。其中最大的是崇明岛，它的面积仅次于台湾岛和海南岛，有1000多平方千米，是目前世界上最大的沙岛。

滔滔长江水，每年把5亿吨泥沙送往东海。在长江入海处，由于水流速度放缓，又遭到海潮的顽强

顶托，部分泥沙便在这里淤积起来，崇明岛正是这些泥沙淤积的产物。整个岛屿三面环江，东临大海，东西长76千米，南北宽13千米～18千米，岛狭而长，形如春蚕，数百年来，横卧在长江口上，仿佛是一艘巨大的航空母舰。

崇明岛得名于"崇明镇"。"崇"原意为高，这里指高出水面，"明"原意为明亮，这里指天水相接，海阔天空。也就是说，这是一块高出水面的洁净之地。

有关崇明岛的来历，有很多神奇的传说。相传，东晋末年，孙恩领导的农民起义军失败后，乘大竹筏泛江浮海，可是这些竹筏在长江口浅滩上搁浅了。竹筏拦住了滚滚东流的长江水挟带的部分泥沙，年复一年，泥沙越积越多，沙滩面积逐渐扩大。由于江水、海潮的涨落以及晴、阴、雨、雾的天气变化，沙滩或隐或现，令人不可琢磨，被人们认为是神明，受到顶礼膜拜，因此被称为"崇明岛"。这个故事虽然只是传说，但在某种程度上说明了崇明岛的成因。

其实，崇明岛的形成、发展经历了一个漫长的历史过程。在1400多年前，长江口还是一片汪洋大海，尚无岛屿。到了唐武德元年（618），在当时的扬州口外的长江中心堆积了两个沙洲，按其位置分别称"东沙""西沙"，面积仅有十几平方千米，岛上居民多从长江两岸迁来，开始是附近的渔民到沙洲上避风休息，后渐渐有人在此居住，从事打鱼、晒盐。到了唐神龙元年（705），朝廷在西沙洲上设置一镇，取名为崇明镇，"崇明"之名称即始于此。宋天圣三年（1025），在西沙洲西北约25千米处，又堆积出了一座新的沙洲，因当时姚、刘二姓的农民最先到此居住谋生，故取名为"姚刘沙"。时间又过了一个世纪后，原来的东、西两沙洲已被长江的洪水湍流冲坍，淹没于滔滔江水之中，但

崇明岛粮食基地

在原来两沙东北方向的江心中又堆积起另外一个沙洲，名叫"三沙"，这个沙洲的位置很不稳定，日见坍没。不久，在它的东边江面上又露出了三个沙洲，当时分别起名为"马家浜""平洋沙""长沙洲"，其中的"长沙洲"就是今天崇明岛的前身。随着岁月的流逝，长沙洲越堆积越大，到这个沙洲上谋生的人也越来越多，当时的统治者在这里设立了"天赐盐场"，派遣盐场提盐司进行管理。崇明镇设置了一段时间后，又设置了崇明县治。但由于这时的沙洲一再发生涨坍和东移现象，故崇明县治也随之一迁再迁，至明万历十一年（1583），因长江沙洲的地势已日趋稳定，崇明县治便最后搬迁到长沙洲上。随之长沙洲就改名为崇明岛。

崇明岛又被称为"古瀛洲"，相传在远古时代，东海上有一个瀛洲仙境，是神仙住的地方。但这个仙岛却随波飘忽，没有定处。秦汉两代，秦始皇和汉武帝都曾派人到海上四处寻找，终未得见。以后，东海上的瀛洲仙境就只是一个美妙

的传说了。千百年来，谁也没有见过它们。到了明代，朱元璋进攻盘踞在苏州一带的张士诚时，崇明知州首先归顺，朱元璋便将崇明岛赐名为"东海瀛洲"，并亲书这四字送给归顺的知州。从此，崇明岛便有了"古瀛洲"之美称，成为古代"东海瀛洲"的化身。当时这个"瀛洲仙岛"，曾有24座美景，至今尚存两处遗迹，即"金鳌镜影""虹桥双峙"。"金鳌镜影"指金鳌山，这里还有一段历史传说：当年北宋灭亡，康王赵构（后来的南宋高宗皇帝）南渡，经过东沙时说他看见远处的山上有一只金凤凰，其实当时长沙洲上并没有山，但皇帝的话是金口玉言，一语即出，便为圣旨。所以当地的官吏为讨好皇帝，便组织百姓堆了一座

崇明岛国家森林公园

小山。可不久这座人造小山便坍入江中。500多年后到了清朝康熙年间，总兵张大治又在崇明县城东门外重新堆建一座土山，并将此"山"命名为"金鳌山"，成为一处名胜。"虹桥双峙"指孔庙前的两座造型美观的石拱桥。孔庙是崇明岛上的古代寺庙建筑群，明天启二年（1622）重建，该庙建筑艺术高超，主体为大成殿，两座石拱桥飞跨"泮池"，峙立在大成殿前。现在这组建筑已成为全县的科技活动中心。

长江中的沙洲，是长江泥沙的产物，属于冲积岛。离江口越近，江水的流速越小，冲运泥沙的能力越低，泥沙越易沉积。加上大河入海口海水淡水交混，就像豆浆中加进盐粒一样，使本来不易沉积的极其微小的胶体也凝聚沉淀。所以江口洲滩群生，而且面积较大。崇明岛横卧江心，把长江分成南北两支。它东南的长兴、横沙两岛，又把长江南支分隔为北港和南港。横沙岛的东面还有一个正在露出水面的九段沙，它把南港隔开，形成北槽和南槽。

由于江流和海潮的相互作用，

崇明岛的黄昏

造成长江主航道南北摆动，结果导致了崇明岛400多年来涨坍无常，位置逐渐游移。虽然它的面积在扩大，但位置却时南时北地游移。最初的县城，离开南岸约20千米。清光绪二十年（1894），由于江流年复一年地冲刷，南岸崩坍凶猛，很快逼近城池，眼看县城又要被迫迁址。当时的劳动人民在大自然的威胁面前，不动摇不退却，而是坚决斗争，兴建了海塘和石坝，才制止了坍势，使县城和全岛基本上稳定下来。

崇明岛的游移不定、涨坍无常，与长江主航道的南北摆动有着密切的关系。一般情况下，贴近主航道的一岸受到江流和海潮的冲刷力大，不断向后崩坍；另一岸则水流平稳，泥沙易淤，土地向外伸张。如果坍得快、涨得慢，整个沙洲便全部吞没在江海的波涛之中。东沙、西沙、姚刘沙、三沙、马家浜和平洋沙等地此消彼长，就是这个原因。

在漫长的历史时期内，长江的主航道不是固定的，公元11世纪~公元14世纪时主航道靠近南岸，因此沙洲南坍北涨，不断北移。公元14世纪~18世纪，主航道摆向北岸，沙洲变为北坍南涨，移动方向相反。公元18世纪以后，主航道又回到南面，再次引起沙洲南坍北涨，位置向北岸移动。现在崇明岛就有与北岸相连的趋势。随着长江三角洲不断向东扩展，江口沙洲又有逐渐东移的现象。

江岸的崩坍，给崇明的劳动人民增添了无尽灾难。旧中国统治阶级只知搜刮民财、不顾人民疾苦，致使堤坝年久失修、千疮百孔，经受不住台风、洪水和海潮地袭击。堤坝一旦决堤，大批土地便会被滚滚波涛吞没。"七尺堤岩八尺潮，堤岸顶上浪滔滔。逃荒讨饭到处跑，穷人生活真难熬。"这首辛酸的民谣，形象地表现了旧中国时期崇明岛坍江的惨状。

"问苍茫大地，谁主沉浮？"崇明岛的劳动人民决不甘心受大自然的欺凌，他们和大自然斗争了千百年。新中国成立后，崇明人民开展了一系列的治水防坍护堤工程。1956年崇明岛依靠群众力量，修筑了长达200多千米的环岛大堤，有力地阻挡了江海巨浪地冲刷。1958年以来，当地人民进一步兴建根治水患的工程。人们从遥远的浙江山区运来石块，沿大堤险段，建成80多千米长的护坡、护坎和1000多条石坝。虽然长江的激浪依然向江岸日夜冲击，东海的波涛也昼夜不歇地扑打，但今日的崇明岛岿然不动，彻底扭转了旧中国那种"火烧一半，海坍精光"的险恶局面。

崇明岛的北面和西北有大批芦苇荒滩，这里过去叫作"崇明北大荒"，并且流传着一首歌谣："崇明西北方，有个北大荒，涨潮像汪洋，退潮变芦荡，茫茫百里无人烟，唯有海鸥把身藏"。

崇明人民和全上海人民一起，经过5次大规模的围垦，开出荒地266.67平方千米，新建10个国有农场。过去"晴天白花花，阴天水汪汪"芦苇丛生的盐碱荒滩，成了"田成方，沟成网，条条道路树成行"锦绣田园。经过围垦，崇明岛的面积由1954年的600多平方千米增加到现在的1083平方千米，耕地面积比原来增加50%以上。

水祸，曾是崇明人民无法抵御的灾难，沿岸浪潮侵蚀，岛内经常由于江潮和海潮侵入而泛滥成灾。新中国成立后，崇明人民大兴水利，经过并港建闸，开疏河道，全岛形成了统一的水网。同时，迅速发展排灌网。全岛机电排灌面积已占耕地面积90%以上，还成功地建起小型潮汐发电站，让波涛听候使唤，为工农业生产提供电力。

伴随着崇明岛一同横卧长江口的，还有长兴、横沙两岛。长兴岛是由鸭窝沙、石头沙、金带沙和圆圆沙等多个小沙洲在最近20多年间逐渐连接而成的。这两个江口沙洲出露水面才八九十年，比起崇明岛来还要年轻得多。在长江口，还有一些水下沙洲正在出露水面。

万里长江，绕过崇明、长兴和横沙等岛屿，便结束了它的征程，注入东海。但是它的巨大流量可以影响到河口以外很远的地方。大量的泥沙被潮流带到沿海，不断建造新的陆地。它的生命并没有终止，也永远不会终止。

崇明岛雄峙长江入海口，为上海、江苏等地之天然屏障，长江之咽喉，战略地位十分重要。从明初以来，崇明岛就成为长江口的一处古战场。清两江总督曾国藩在《苏省舆图略》中说："崇明砥柱中流，众沙环拱……以南驻水师于吴淞口，中驻水师于崇明，境以西为长江万里，荆襄江镇借崇为关键焉；境以东通外洋诸国，视崇为门径焉。是以崇之险要甲于他邑……"崇明岛上主要城镇有堡镇。起源于明末清初，为崇明岛北部重镇，昔日在此筑有炮台。此外，还有作为崇明县首府的城桥镇以及庙镇等。相传庙镇起源于宋朝，位于城桥镇西北约10千米处，为崇明西部重镇。崇明岛和长江口其他7个岛屿，构成长江之咽喉，形势险要，历次倭寇入侵附近沿海地区时，也多在此盘踞。明洪武二年（1369）四月，倭寇经常出没海岛，侵掠崇明，太仓指挥戴德率兵出洋剿捕，俘倭寇92人及一批兵器和舟船。上奏清廷后，戴德被升为都督指挥，并被派使祭东海之神。明嘉靖二十二年（1543）十月，倭寇遭到明官军打击而东逃后，江南得到暂时的安宁，但崇明岛南沙

小岛内的溪流

尚泊有几百名倭寇，因船遭破坏而留在岛上未及逃去。参将汤克宽及佥事任环留兵驻守，经多日战斗不能攻克。这时，汤克宽又从别地调来军队继续进攻，仍然战败，并损失官兵400余人。嘉靖三十三年（1554）四月，倭寇从嘉兴向东抢掠，入海来到崇明岛。乘夜袭击，知县唐一岑率领军民奋战，击退了进攻的敌人。五月间，倭寇又来夜袭，因有奸细开城门迎敌，唐一岑仓促应战。他在巷战中连杀几名倭寇，鼓舞了战斗士气，军民奋起，

驱敌出城，但唐一岑因伤重殉职。他的遗体初葬于平洋沙城西南，后因其墓地遭海水侵蚀，清初移葬于蟠龙镇。400多年来，当地人民曾多次为他们崇敬的这位英勇爱国知县整修墓地。清顺治十六年（1659），郑成功挥师北伐，进抵长江口时，也是从崇明岛进入长江的，并连克长江下游的20多座县城，攻入瓜州、镇江，直逼南京城下，给清军很大的打击和威胁。

抗日战争和解放战争期间，崇明岛曾是敌我反复争夺的战略要地。国民党海军司令桂永清、国民政府江苏省主席丁治盘等许多国民党军政官员，都由崇明岛港乘船逃往台湾的。

新中国成立以后，崇明岛已被建设成我国东海前哨的钢铁堡垒。崇明岛三面环江，一面临海：西面是万里长江，东临波涛汹涌的东海，南与宝山、太仓隔水相望，北与海门、启东唇齿相依。岛上虽没有名山大川，但是，当你踏上绿林成荫的宝岛，极目四望，广阔的田野、洁白的农舍、整齐的公路、纵横的渠沟，会给你一种格外清新的感受。崇明岛秀丽的田园风光，真可谓东海之滨的"瀛洲仙境"，使人迷恋！

在这座水洁风清的宝岛上，到处都是未经斧凿的天然风景。当你漫步在千里西堤，数不尽的自然美景尽收眼底。岛上"桑堤千顷""潭子潮声""海天浴日""水格分涛""七浦归帆""寿刹烟林""沙堤卧龙""吉贝连云"等瀛洲八景均为古代文人吟诗作画的地方。现在，岛上还有"明潭"金鳌山、孔庙和郑成功血战清兵的古战场遗址等名胜古迹。

环岛大堤长207千米，犹如一条蛟龙，盘伏在长江入海口上。清晨，登上大堤观东海日出，"不减泰岱奇观"；傍晚，登上大堤饱览长河落日，令人心旷神怡。崇明岛已成为上海一带又一处旅游胜地。

如果乘飞机从其上空掠过，便可见那诱人的田园风光。万顷碧波，气势壮观；岛上绿野平畴，河渠交错，村落参差，一派繁茂景色。

崇明岛处于长江黄金水道和

以上海市为中心的黄金海岸的交汇点，内通长江沿岸18个省市，外通太平洋。岛的南沿有深水岸线40多千米，具有良好的建港条件。崇明岛对外交通已开辟牛棚港至青龙港；南门至浏河、石洞口、老白港；堡铺至军工路、石洞口；新河至石洞口车、客渡；以及南门至吴淞气垫船、堡铺至十六铺航班，对外航线10多条，每天开航30个班次。崇明岛真正成为上海至苏北地区的"岛桥"。岛内19条公路线通往所有乡镇和国有农场。现在，从上海到森林公园观光旅游，只要花三四十分钟就可到达。崇明岛，这个世界上最大的沙岛以其独特的田园风光，吸引着越来越多的中外游客。

崇明岛气候温和，水草丰盛，港汊密布，自然条件得天独厚。岛上的白山羊、水貂、丝瓜络、螃蟹等，都是上海地区重要的出口品。

由国务院有关部门命名为"长江三角洲白山羊"的崇明白山羊，每年能换取一百多万元外汇。这样白山羊颈部的"细光锋"毛挺直、有光泽和弹性，是制作书画笔的特级材料。这种书画笔不但为国内书画家所喜欢，而且一直是国际市场上的热销品。

水貂全身都是宝，内脏、貂油可入药，毛皮尤为珍贵。崇明岛是喂养水貂的理想养殖场。崇明貂皮皮板柔软、绒毛细密、光泽华丽，御寒力强。

崇明岛的丝瓜络，入药可舒筋活血、消肿防湿；用来洗澡擦身，柔软舒适。崇明岛人民利用田边地角、房前屋后，大量种植丝瓜。丝瓜长老去皮后，就制成了一条条黄白色的丝瓜络。

螃蟹也是崇明岛一宝。每年春暖花开的潮汛时节，幼蟹成群结队从海中洄游到崇明岛四周，在河沟、湖荡、港汊栖息生长。待到西风起时，每只螃蟹体重可达200多克，虽比不上大闸蟹膘肥体壮，却也黄多肉香，味道鲜美。

崇明岛四周渔场环绕，岛上沟汊纵横，鱼塘密布。这里春有银鱼、刀鱼、鲥鱼、青白虾，夏有凤尾鱼、鲈鱼、大黄鱼、鲳鱼，秋有海蜇、鲚鱼、鳊鱼、大蟹，冬有带鱼、青条鱼、白鱼。一年四季，崇明岛人民源源不断地向上海市区居民提供数百吨海鲜、河鲜。

崇明岛土壤肥沃，盛产稻、麦、油菜、玉米、棉花和药材。岛上居民用米酿酒，取名"老白酒"，此酒香醇可口，营养丰富，近年来已成为出口的畅销品。崇明水仙更是珍贵的花卉品种，世界上有"英国玫瑰，崇明水仙"之誉，每年都有大量崇明水仙畅销海外。

崇明岛大气污染程度较轻微，水、土地净化程度高，加之气候属北亚热带气候，温度适中，四季分明，光照充足，非常有利于多种农作物的生长。因此，崇明岛生产的蔬菜、鱼虾等几乎没有污染。独特的地理位置和自然条件，造就了崇明岛极为丰富的生物资源，无数候鸟到岛上栖息、觅食，农牧渔业有许多优质、珍稀产品，如面丈鱼、鳗鱼、对虾、金瓜、芦笋、食用菌、崇明大白菜等。

崇明岛现已成为全国候鸟重点保护区、全国渔业生产重点县也是上海市淡水鱼、蔬菜、药材生产基地。

十一、大洲岛

海南省万宁县东南的浩瀚海面上，有个名为大洲岛的小岛。小岛由南岭、北岭两部分组成。南岭面积2.7平方千米，海拔289米；北岭面积1.5平方千米，海拔136米。两岛中间由一条沙带联结，退潮时两边相通。别看这个小岛不起眼，它却是我国唯一出产珍贵燕窝的地方。大洲岛的地理位置和奇特的岩石景观，为金丝燕群的栖息提供了条件。岛上金丝燕成群，盛产燕窝，因此人们又称该岛为"燕窝岛"。大洲岛为什么盛产燕窝呢？燕窝又是怎么制造出来的呢？原来大洲岛与海南岛相距上千千米。岛上到处峭壁如削、怪石嶙峋，奇形怪状的岩洞很多。其中有三根岩石刺破青天，非常壮观，远远望去，真像大自然雕刻出来的盆景。

所谓"东方珍品"燕窝，是金丝燕营造的窝巢。当然这种窝巢很神奇，它是由金丝燕嘴里分泌的唾液胶合种种其他材料而筑成的。金丝燕的唾液腺异常发达，能够分泌出大量丰富有黏性的唾液。黏液从

大洲岛（局部）

嘴中吐出，黏固在岩洞石壁上，凝结成长7厘米～8厘米，宽3厘米～5厘米，重约10克，形状略呈半月形的巢，这就是"稀世名药"燕窝。

燕巢附着岩石的一面较平，另一面微微隆起，附着面排列较整齐，比隆起的一面要细致。窝内部粗糙，呈丝瓜样，质硬而脆，断面微似角质。一般每年3月～4月春暖花开时采摘，大约延续一个月。第一次筑成的燕窝，差不多为纯粹的唾液凝结而成，晶莹洁白，窝层肥厚，质地细嫩，质量自然最佳。如果燕窝被人拿走，金丝燕为了繁殖后代便会继续筑巢。第二窝还是以

唾液为主，但已拌进自己身上的羽毛，色泽赤黄，质量当然要比头窝差。若再被人采走，它还会第三次造巢，这时唾液已很少，只得把海藻杂草掺杂在一起，甚至吐血丝来筑巢，所造的巢既小又粗糙，营养价值很低。如果燕窝第三次再被采摘，金丝燕还会造窝，但已没有食用价值了。这是金丝燕一年当中最后一次筑窝，它也快要累死了。

燕窝之所以珍贵，是因为它含有多种氨基酸和蛋白质，营养丰富，药用价值高。能治疗痨损劳疲、虚痨咳喘、小儿脾虚、久痢等一系列病症，是滋补强身、延年益

寿的珍贵佳品。因此自古以来燕窝就被看成"稀世名药"，只有王公贵族才能享用。

大洲岛上的燕窝都建造在那三根刺破云天的石崖上的洞穴中，这三块岩礁都在海边，不但高，而且相当险恶，底下就是白浪滔天的大海，涛声如雷、惊心动魄。采窝者必须爬进昏暗潮湿的洞内。两人一组，相互配合，一人手拿电筒或举着顶端缚有特制蜡烛的长竹竿照明，另一人踩在竹梯上，手擎缚着特制铁钩的长竹竿进行采摘。由于洞壁陡峭，有时梯子不稳，有时惊燕撞人，身子一旦失去平衡，跌下崖去就一命归天了。因此采燕窝是一项非常危险的作业。

大洲岛原先三根高崖石上都有燕窝，由于每年采摘者很多，大量的金丝燕被累死，几乎绝种。现在只有一根石崖上还有金丝燕窝。

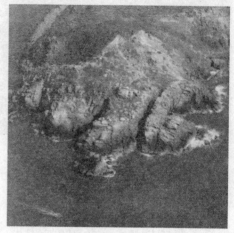

海南大洲岛全景

生机盎然的大洲岛

第三章 山川秀丽的大陆岛

大陆岛就是和大陆地质构造相似的海岛。例如，长山群岛的地层岩体构造等与辽东半岛相似，构成崇明岛的泥土和长江三角洲的泥沙相同，长山群岛和崇明岛正是大陆岛。大陆岛与大陆的联系，一种情况是，构成海岛的物质来自大陆，如冲积岛；另一种情况是，原来海岛与大陆是一个整体，后来由于一小块陆地与大陆之间发生断陷，海面上升，使这一小块陆地孤立海中，或是小陆块由于断裂漂移到海中，成了海岛。如果把大陆比为母亲，大陆岛就是散落于大陆外侧的游子，它永远保持着大陆母亲的"模样"和"体质"，且大多位于大陆附近。因此，从陆地向海面眺望，所见的海岛大多是大陆岛。其中，在山地、丘陵和台地海岸外侧海岛多些，而在平原海岸外侧海岛

很少，只有零星的沙洲、沙岛。

在地貌形态上，大陆岛保持着和大陆相同或相似的特征。在我国辽东半岛和山东半岛的丘陵海岸，地势不算很高，所以附近的海岛，

长山群岛海蚀柱

海拔也不很高，面积也都在30平方千米以下。而在山脉纵横的东南沿海，海岛不仅多，而且海岛的海拔较高，面积也较大，我国面积大于100平方千米的大岛大都分布在这一地区。在面积辽阔的大岛上，平原、丘陵、山地都有，远望山峦起伏，近看悬崖陡壁，山峰直刺青天。如海南岛的五指山脉和台湾岛的台湾山脉，海拔都在1000米以上，台湾的玉山海拔3997米，是我国东南沿海的最高峰。在平原河口海岸，海岛由泥沙堆积而成，地势相对平坦。如崇明岛和渤海湾西部的石臼坨等沙岛，海拔只有几米。

大陆岛的自然景观、植被和陆地颜色与附近大陆海岸也基本相同。在面积广大的岛上，也同样有着湖光山色、风景名胜。较小的大陆岛，由于地理位置和自然条件不同，自然景观就不像大岛那样丰富多彩了，但也保持了大陆海岸的自然特征。

我国大陆岛总计有6000多个，占我国海岛总数的90%多，面积占我国海岛总面积的99%左右。我国大陆岛的绝大多数为基岩岛，主要分布于大陆沿岸和近海。由于我国长江口以北主要为平原海岸，东南和华南主要为山地丘陵和台地海岸，使得我国的大陆岛分布不均，形成南多北少的格局，并很有规律地呈北东或北北东方向分布排列。

第四章　辽宁省的岛屿

一、奇特的蛇岛

在辽东半岛南部、距旅顺港不远的海面上，有一个人迹罕至的小岛，由于岛上生活着成千上万条蝮蛇，人们送它一个名字——"蛇岛"。蛇岛又叫蟒岛，当地人称小龙山岛。蛇岛的轮廓略呈平行四边形，自西北向东南延伸，长1000多米，宽600多米，面积约0.6平方千米。然而，就是这样的小岛，却引起了科学家的兴趣。

蛇岛，除东南角有一小片卵石滩外，全部是坚硬的岩石。蛇岛

蛇岛丛林

蛇岛生灵

上山峦起伏，主峰位于小岛西南，海拔216.9米。地貌形态西南高，东北低。小岛的西南悬崖陡立，与海面倾角达80度，且直达顶峰。岛的东北面坡度相对较缓。由于雨雪的冲蚀，由山脊沿着自然斜坡向东南、东、东北和北面等方向发育有6条辐射状冲沟，使蛇岛被切割得峰高谷深、崎岖不平。整个蛇岛就是一个一面坡式的单面山，矗立在万顷碧波之上。

蛇岛的地形是由其地质构造决定的。组成蛇岛的岩石主要是石英砂岩，间有石英岩和石英片岩，还有砾岩。这些岩层与辽东半岛和附近的岩层完全一样，都是10亿年前浅海沉积而成的，属于前震旦纪的元古代地层。在这些古老岩层上面再没有后来的地层覆盖。地质学家经过研究确认，蛇岛在6亿年前就和辽东古陆一起上升成为陆地了，成陆地以后又经受了漫长地质时期的剥蚀，最终形成蛇岛现在的模样。

蛇岛像一块巨石一样孤零零的矗立在海上。以前，住在附近的居民常见它的容貌，却没有人上去过，至于岛上面生存着的成千上万条蛇，就更鲜为人知了。20世纪30年代初，人们因为要在岛上修建一座灯塔上岛勘察，才发现岛上遍地是蛇，从此"蛇岛"之名传遍四方。1963年，经国家批准建立了老铁山自然保护区，蛇岛就是这个保护区的一部分。

蛇岛的蛇是从哪里来的呢？原来它们都来自大陆：在2000万年前，蛇岛与大陆相连，大陆上的蛇类就在这里生息繁衍，后来蛇岛与大陆分离，蛇类便留在了岛上。那为什么小小的蛇岛会有这么多蛇呢？原因就在于在蛇岛的沧海桑田之变中，强烈的风化侵蚀和气候的变化，使蛇岛产生了许多石缝、岩洞，这有利于蓄积雨水，便于植物扎根。而破碎的石块与腐烂的枝叶混合又为草木提供了疏松肥沃的土壤。这样，坚硬的小岛上有了浓密的草木。加上蛇岛与大陆隔离，很少有天敌和人为干扰，这种特殊的环境，为候鸟群集、蛇类栖息提供了优越的条件，因此蛇类得以安全生息，小岛便成了蛇的乐园。那么岛上为什么只有蝮蛇呢？原来蛇岛上也有无毒蛇，但因无毒蛇以捕食蛙类为主，在岛与大陆分离后，随着蛙类的逐渐灭绝，无毒蛇也就丧失了生存条件而绝迹，这样就只剩下以捕食鸟类为主的剧毒蝮蛇了。

蛇岛是令人胆寒的蝮蛇的王国，草丛中有蛇，岩石上有蛇，沟谷中有蛇，石缝岩洞里有蛇，乱石中有蛇，树枝上有蛇。据生物学家考证，目前蛇岛上有蝮蛇15000多条。

蛇岛气候温和，草木丛生，野花飘香，昆虫繁盛，成为南来北往迁徙过境的候鸟及海鸟的良好栖息场所。每当迁徙季节，群鸟聚集，蛇岛成了鸟的世界。蛇、鸟共生的环境也为以鸟为食的蝮蛇提供了丰富的食物，使蝮蛇得以世代繁衍，并逐渐扩大自己的家族。

蛇岛远眺

蛇岛上的蛇

蛇岛上的鸟类主要有黄道眉、柳莺、小鸥、田鹨、雨燕、雀鹰、黑尾鸥等几十种。这些鸟经常飞落于山崖、树林、枝条、草丛之上，栖息于岩洞、石穴和树上鸟巢之中。由于蝮蛇具有极好的伪装，表皮颜色十分接近树枝和岩石，缠在树上的蛇就像弯曲的树枝一样，所以当小鸟落到树枝、草丛或岩石上时，蝮蛇就会突然出击，多数情况下，被突袭的这些鸟都会成为蝮蛇的食物。

蛇岛上生存的褐家鼠，也是岛上唯一的哺乳动物，据说是渔船带到岛上的。每当蝮蛇冬眠、不食不动时，褐家鼠就开始伤害蝮蛇；冬眠一过蝮蛇复苏，褐家鼠又成了蝮蛇的食物。神奇的蛇岛就是依靠这样的自然食物链，形成了自己独特的生态系统。

蛇岛独特的地理和自然条件，使得植物生长十分繁盛，植物覆盖率达75%左右，并有自己特有的植物群落。蛇岛上目前已知的植物有65科200多种，多是些低矮的灌木、草本植物和其他低等植物，没有高大的树木。其中有菌类植物2种，地衣6种，苔藓4种，蕨类植物4种，被子植物190种。灌木状乔木主要有栾树、黄榆、小叶朴、刺榆、刺槐等树种。这些植物最高的只有几米，最粗的也不过直径10厘米。灌木植物主要有叶底珠、金雀锦鸡儿、紫穗槐、扁担木等树种。草本植物主要是禾本科的芒、大油芒、荻、中井隐子草等，这些高草遍及山脊、山坡和山沟。如果到了蛇岛，你就会发现，凡是有土壤的地方，植物都生长茂密，难以通行。在海拔100米以下，山坡和沟谷间主要生长着草本植物，间有灌木和灌木状乔木。海拔100米以上，主要生长着灌木和灌木状乔木。也正是这些低矮的树木和草丛，为蝮蛇的攀缘、活动提供了便利的条件。

二、长山群岛

大连是一座美丽的海滨城市，位于辽东半岛的最南端。不仅气候宜人，夏无酷暑、冬无严寒，而且拥有优良的深水海港。大连以其海滨风景著称，老虎滩、棒槌岛、旅顺口和老铁山风景等景区闻名遐迩，还有一个甚为优美而独特的海岛旅游胜地，这就是位于其东侧的长山群岛。

长山群岛位于辽东半岛东南，横跨黄海北部海域，共有岛屿50多个，总面积170余平方千米，有

长山群岛蚀洞景观

居民居住的岛屿有24个，人口约为7万。

群岛中面积超出25平方千米的有大长山岛、广鹿岛和石城岛，其中大长山岛面积是25.4平方千米，为长山群岛中第一大岛，也是县政府所在地。面积在15平方千米左右的有小长山岛、海洋岛和獐子岛。

和蛇岛一样，长山群岛是辽东古陆的一部分，岛上出露的地层也与辽东半岛相同。在大地构造上，长山群岛属中朝古陆"山字形"构造。从石城岛以北，向西南经里长山海峡，可能有一条北东东向的深大断裂带，把群岛与辽东半岛切开。在这样的构造断裂控制下，群岛地区被切割成棋盘状的、相间排

列的沟、谷、峰、岭。在地质冰期后海面上升，低地被海水淹没，较高的峰岭突出海面，就成了现在的长山群岛。

长山群岛这块古老的土地，在震旦纪末就成了陆地，自古生代以来经受了几亿年的剥蚀，又在中朝古陆的大背景下，随同辽东半岛一起从1000万年前的上新世以来，经历了不断的上升，因而，保存着5米～7米、15米～20米、30米～40米的三级海蚀阶地，发育成许多海蚀崖、海蚀洞穴等海蚀地貌。由于岩层坚硬，又久经剥蚀，整个群岛表现为高差不大的低山丘陵。岛上山峰多为突顶山和尖脊山，山体形态主要是断裂形成的单斜断块山。

最高峰海洋岛上的哭娘顶海拔也不过373米。山脚下和海边有零星的小块平地。岛上生长着松、杨、柳、刺槐、合欢、龙爪柳、银杏等树木。白天看长山群岛，岛岛翠绿；月下看长山群岛，则如伏龙卧虎。

长山群岛发育有由海蚀形成的美丽多姿的崖峰柱石，形成了独特的大海岛礁景观。几亿年的海陆变迁，留下了不同地质时期的丰富多彩的地质构造和海蚀景观，其中尤以海王九岛风光最为壮丽。1991年海王九岛被国家列为一级风景区，长山群岛的骄子——海王九岛，从此扬名中外。

海王九岛位于长山群岛东北端，由大海王岛、小海王岛、瘦龙

长山群岛中的小岛

岛、元宝岛、井蛙岛、海龟岛、观象岛、双狮岛、团圆岛等九个岛组成，九岛排列疏密相宜。前三个较大岛屿分列外围，形似龟、象、狮、蛙的六个小岛如珍珠项链串在中央，连接它们的海蚀坝随潮涨潮落时断时续。九岛景观随浪潮、阴晴、云雾、雨雪千变万化，意境无穷。

海王九岛的著名景点有海王顶、灯塔山、望海楼、龙爪尖、海王湾、瘦龙岛、海龟岛、观象岛等十几处。登上海王九岛，近可观奇礁异石、浪击石崖，远可望群峰矗立、岛岛相依之态。每当日出海面，海鸟翔集，就会呈现一幅海阔天高、壮丽多姿的浩大场面。

登上大海王岛的海王顶，环顾远方，美貌多姿的海王九岛可一览无余。碧波荡漾，令人或感岛如舟行，或觉山静水流，如梦如幻。若遇薄雾笼罩，岛礁宛如轻纱披挂，微风拂动，群岛如船队升帆，破雾远航。

灯塔山在大海王岛东南角。山上，一座20多米高的圆柱形国际灯塔巍然屹立，塔身洁白如玉，造型

长山群岛上奇特的礁石

优美，天蓝色的塔顶装有水晶石灯罩，醒目耀眼，是一件不可多得的科学艺术品。

登上灯塔山，极目东眺，两群黑白分明的礁石赫然矗立，黑石较近，白石稍远，分外醒目，传说这是青蛇、白蛇的化身。在黑、白石更远的海面，有时可见成千上万只海豚列队由东北向西南，或由西南向东北浩浩荡荡游去，好似龙兵在接受青蛇、白蛇的检阅，气势宏大，场面奇异壮观。

在大海王岛东端有一岬角，山体狭长、细尖，在尖端处又略呈斜向伸展，酷似一只龙爪，人们叫它龙爪尖。从龙爪尖向西看，灯塔山更显嶙峋险峻，神奇莫测。

望海楼山是光岛观海景色的最佳地点。远眺四方，团圆岛、双狮岛、观象岛、井蛙岛、海龟岛、

瘦龙岛、元宝岛、小海王岛尽收眼底。仔细观看，诸岛如龙、如狮、如龟、如蛙、如象，伏卧海面，栩栩如生。

在望海楼山顶看日落，可以欣赏天空、海面的色彩变幻。当残阳如血，条条红霞射向天空，海面也由红渐青，当夕阳收尽了撒在岛海的余晖时，躁动的辉煌霎时变得靛蓝沉静。

大海王岛的立天柱，拔地而起30多米，呈弧形耸立海边。立天柱旁又有一块巨石，上尖下粗，如大锥体依山而立，因而被称作锥石。二石并肩而立，构成天成石门，气势雄伟。长期的侵蚀风化和海浪冲击，使岛上形成许多险峻的山崖。有些山崖高达数十丈，崖面纹理裂缝大小无章无序，横倾竖斜，深浅不一，形如密网，表面凹凸迭起，崖面色泽青紫红褐色彩分明。崖下巨石成堆，蜿蜒铺续，岩穴深凹崖中。这就好像一幅巨型立体古画，记录着海陆变迁的亘古时空。

在石城岛和大、小海王岛中间，有一群小岛。从外围的大岛缺口远望，大海好似一个碧玉盘，两边高耸的大岛宛如翘起的盘边，中间的七个小岛犹如盘中托起的翡翠珠子。这就是海王九岛的精粹和中心景区——瘦龙岛景区。

瘦龙岛狭长弯曲，南高北低，随着波浪的起伏，活像一条头南尾北的巨龙。山崖上有一对黑乎乎的圆洞，很像龙眼。龙头南面的海中，还有一块滚圆的礁石，当地人称之为珠子石。在岛南面还有一座长约100米、高10多米的礁石，由一条宽阔的沙岗与岛相连，就像一条头北尾南巨大滚圆的海豚搁浅海滩，故称海豚礁。

岛东南有一巨大礁石，形似

长山群岛

海龟浮出海面,当乘船与礁石相对平行时,更觉其活灵活现。海龟岛上,芳草萋萋,秋风一起,遍地黄花。西边海中有两块大小、形状、色彩完全相同的平顶礁石连在一起,好像永不倾斜的天平,人称天平礁。东北方还有罗汉礁、人形石亭亭玉立。井蛙岛南端,有块礁石酷似青蛙,看上去好像立足未稳,随时都要跳下来。井蛙岛的半山腰有口直径2米、深10米的古井,水量很大,涝不增,旱不减,水清如镜,甘甜可口。更奇的是,井中鲤鱼成群,红的如丹砂,绿的像翡翠,摇头摆尾,游来游去,其景甚为壮观。

大海王岛北面,有个观象岛,传说是王母娘娘百兽园中的一头大象私自下凡,变成的石象。象鼻深插入水中,如同桂林的象鼻山。有趣的是,退潮后,入地的象鼻与巨大的象身,竟围成了一个圆圆的月亮门。透过月亮门从西东望,里面有一座奇礁,犹如一件雕刻精美的大型工艺品,又像绘于圆盘中的天成彩画。

双狮岛山顶上,有两块6米多长、3米多高的巨石,酷似两头狮子对吼。双狮石下,还有奇石一块,形似一匹惊马,落荒而逃。双狮岛北端海边有块巨岩直指云天。

小海王岛上满目葱茏、百草芬芳、蝉鸣蝶飞、鸟语花香,就像一座美丽的百花园。岛上的南滩和西滩浴场,细沙敦厚细软,海水清澈无比。如果在水中潜游,鱼虾滑身而过,海草姣美多姿,又是一个海底花园。春天,樱花争奇斗艳;夏日,林木绿染峰峦;秋露寒霜,漫山枫叶火红似燃。

小海王岛又是候鸟的旅站,鸟的天堂,黄海中的水鸟在这里都可

长山群岛海岸岛礁

看到。鸟儿飞起时遮天蔽日，落地时漫山遍野。百鸟的鸣叫如大自然的乐章，时起时落，终日不绝。

三、庙岛群岛

在辽东半岛和山东半岛之间的渤海海峡中，有串呈北北东方向排列的岛群，它就是被称为渤海"钥匙"的庙岛群岛。庙岛群岛共有30多个岛礁，南部成群，岛数量较多，北部成列，岛数量较少，整个岛群位于渤海海峡中南部。岛陆总面积56平方千米，海岸线长146千米。主要岛屿有南长山岛、北长山岛（长岛），大黑山岛、小黑山岛，南隍城岛、北隍城岛，庙岛等，其中南长山岛最大，陆域面积为13平方千米。

庙岛群岛各岛之间有老铁山、长山、庙岛等九条重要水道，是出入黄海、渤海的重要门户。庙岛群岛像一串珍珠镶嵌在渤海海峡，扼守海峡的咽喉，战略地位十分重要。

地质学家发现，庙岛群岛是块古老的土地，出露地层基本与山东半岛蓬莱的地层相同，主要是震旦纪的变质岩，仅在砣矶岛上有少量花岗斑岩，在大黑山岛上有大片100万年前的玄武岩。在古老的地层上，直接覆盖着新生代更新世地层。庙岛群岛处在新华夏断裂构造带上，是胶辽隆起中的断陷形成的基岩岛。庙岛群岛的岩层走向近乎南北，与山脊线、构造线走向基本一致。自元古代蓬莱运动、庙岛群岛地块隆起抬升后，长期处于被侵

庙岛风光

庙岛望夫石景观

蚀剥蚀状态。第三纪的喜马拉雅运动，促使渤海盆地强烈断陷，山东半岛与辽东半岛中断分离，遂形成庙岛岛链。第四纪时多次的海平面升降变化，使庙岛群岛多次成为沟通胶辽半岛的陆桥，全新世海浸以来，才形成现代的庙岛群岛。可以这样说，庙岛群岛就是地壳陷落后、残留在海面上的山峰。

由于构造原因和久经剥蚀，使庙岛群岛形成断块低山丘陵地貌。高山岛为群岛中最高的岛屿，海拔也只有201米。由于间歇性的

上升，长期海浪撞击，崖壁坍塌，使各岛普遍发育海蚀地貌，形成海蚀崖柱台穴。岬角海滩凸凹分明，保留有不同时期的5米～7米、15米～20米、30米～40米的海蚀阶地；座座岛屿上沟谷纵横，峰峦叠错，形态万千。

春去夏临，每当风和日丽之时，站在蓬莱阁丹崖山向北眺望，庙岛群岛隐约可见，若有薄雾，诸岛笼罩在云雾烟波之中，就像神话中的仙境一般。

早在万年以前就有人类在庙岛

群岛繁衍生息，群岛内有着灿烂的古代文化。现已发现古遗址、古墓群、摩崖石刻33处，还有各个时期的大量文物。黑山北庄遗址反映着母系氏族社会的形态，其年代之久远可与西安的半坡村遗址齐名，被称作东半坡村遗址，是中华民族的发祥地之一。岛上的历史博物馆展示着庙岛群岛的历史变迁。

庙岛群岛碧海沧溟，风光绮丽，三冬无雪，冬暖夏凉，被国家定为重点风景名胜区和鸟类自然保护区。

在庙岛群岛，最绝妙的莫过于海市蜃楼。也正因为海市蜃楼的存在，庙岛被称为"海上仙境"。1988年6月17日下午2点20分，在庙岛群岛南部长达100多千米的海面上空，出现了一次最为宽广的幻影奇观，距离之大、时间之长是历次所罕见。当时，只见海面上忽而呈现多孔大桥，忽而跳出从未见过的岛屿，忽而高楼大厦和高大烟囱耸立在100里的海面上空，仿佛梦幻中的世界。

海市蜃楼每次出现的景物和持续时间不尽相同，有时是正影，有时是倒影。在庙岛群岛不仅发生海市蜃楼，有时还会见海岛发生形变（也叫作海滋）。

海市蜃楼在古代就有记载。它是由大气中光线的折射形成的一种自然现象。当气流稳定、空气层的密度有较大的差异时，远处的景物通过光线在密度不同的空气层界面发生折射或全反射，这时就可以看见空中有远处景物的影像了。

庙岛群岛奇礁险崖、丽滩秀湾美不胜收。有气势雄伟的宝塔礁，怪石嵯峨的九丈崖，奇异深幽的聚仙洞……然而，最美的要数北长山岛的月牙湾了。

月牙湾位于北长山岛的东侧，面北坐南，两边岬角环抱，如半圆的明月，长达2500米。月牙湾海滩宽阔，卵石铺岸，海水清澈，是群岛中最好的海滨浴场。登上山崖观景楼台，可一览海光山色。风平浪静时，海如明镜倒映蓝天白云。月牙湾岸上，色彩斑斓的珠玑石球，形成长10多米、宽50多米的彩色石带。这些石球大小不一，形色各异，有的洁白如玉，有的碧如翡翠，有的色似玛瑙，有的亮赛珍珠，珠光玉气、五彩缤纷，实为大自然的珍品。

庙岛群岛葱郁宁静，被誉为候鸟"旅站"。每当春、秋时节，大批南来北往的候鸟云集于此，最多时总数可达10多万只，其中高山岛、车由岛又有万鸟岛之称。

众多的鸟类光临，为群岛增添了独特的景观。黄昏降临，成群结队的鸟群，叽叽喳喳在林间、山崖、石穴、房前屋后、街头巷尾鸣叫、追逐、嬉戏，置身其中就仿佛走进鸟类的乐园一般。

留居庙岛群岛的鸟类有224种，分属18目40个科。留鸟16种，主要有喜鹊、红隼、岩鸽等；候鸟208种，主要有家燕、黑尾鸥、银鸥、兰矶鸫、大杜鹃、虎纹伯劳、金翅、鹰鹃、大天鹅、丹顶鹤等。其中，属国家一、二级保护鸟类有41种，属世界濒危珍稀鸟类9种。

南山长岛还有我国独一无二的鸟类博物馆。

在庙岛群岛的南部东侧有两个岛屿——大竹山岛和小竹山岛。岛上峰峦起伏，竹林成片，真可谓竹岛竹山，竹山岛的名字也由此而来。

竹山岛虽然是北国岛山，却呈现一派江南水乡的景色：小河潺潺，翠竹簇簇，房屋错落，鸟语花香。在烟波浩渺之中，竟有这样两

庙岛中的万鸟岛

个娟秀的弹丸之地，实在令人称奇。在整个群岛中，唯有竹山岛生长竹子，这似乎成了一个不解之谜。关于竹山岛竹子的来历，还是请你去亲自聆听当地的传说吧。

庙岛凤凰山上有座供奉海神娘娘的天后宫，也称妈祖庙，它是庙岛群岛最古老的古迹，群岛名称也由此而来。

庙岛妈祖庙始建于北宋宣和四年（1122），明崇祯元年（1628）又进行了扩建，至今近900年的历史。

妈祖庙建筑群占地60000平方米，有山门、前殿、后殿、钟楼、鼓楼和戏楼等建筑，大殿飞檐挑角，气势恢宏。山门正上方有清咸丰皇帝御笔"神功济运"的题字。海神娘娘铜像正居在暖阁的龙墩上，四尊侍女分立两边。由大殿到后院有串廊相连，构成幽雅别致的宫院。

妈祖庙的盛名，引来了无数游人。每年夏季的海神娘娘庙会更是人山人海，热闹非凡。从农历七月初七开始唱戏，一唱就十多天，甚至二十多天。这种习俗从古代一直延续至今，成为庙岛的一道风景。

四、大黑山岛

大黑山岛坐落在庙岛列岛的最西边，其面积较大，东侧靠近北长山岛和庙岛的海面上，有一黑山岛与它相伴。大黑山岛上，以蝮蛇、古墓和燧石三样景色最为著名。

大黑山岛上，山石嶙峋，草木丰茂，地面阴湿，十分适宜蝮蛇的生存繁衍，可谓是一个名副其实的蛇岛。虽说，大黑山岛上的蝮蛇数量和密度比不上大连老铁山附近的蛇岛，但也算得上是我国的第二大蛇岛了。

目前，初步估计大黑山岛上的蝮蛇总数已超过1万多条。蝮蛇虽有剧毒，但浑身是宝，可治疗多种疾病，在医学上有着极高的药用价值。

大黑山岛上曾发掘出多处古墓葬，并伴有大量古代文物，成为我国考古史上一次重要发现，也是大黑山岛上的又一绝景。据考证，这里著名的北庄母系氏族社会村落遗址，生动地展现出了5800年以前我们祖先的生活方式，在考古史上与闻名中外的西安半坡文化遗址齐名。已发掘出来的40多座房屋遗址和两座30人～40人的合葬墓，以及各个时期的大量文物，就其数量和质量而言，均已超过了西安半坡遗址。大黑山岛虽小，但出土了如此丰富的历史文物，并可以按历史序列将其排列起来，成为中外罕见的"海上博物馆"。它对研究庙岛列岛的开发史、我国人类的文明史以及文明起源于何处等重大问题，有着极其重要的参考意义。

大黑山岛的燧石也是十分有名的。在庙岛列岛之中，以螳螂岛上出产的燧石为最佳，其次大概要数大黑山岛上出产的燧石了。石工们将燧石采出后，把它加工成方块形状，可成为工业上磨光机上磨光的填料，把它加工磨成圆状，可做大型名贵建筑之中的装饰品。

古老的大黑山岛有着悠久的历史文化和丰富的物产，在我国算得上是重要的岛屿之一。

五、竹山岛

竹山岛有大竹山岛和小竹山岛两个，分布在长山岛的东面，是两个较小的海岛。

竹山岛是庙岛列岛的三十多个岛屿之中唯一生长竹子的岛屿，那半坡的翠竹，东西两片，亭亭玉立，婀娜多姿，如今在竹山岛上，仍可见到这片生机盎然的翠竹林。

究竟竹山岛上的竹子是怎么长出来的，尚须进一步考证。一种看法认为可能是在距今数千年前，气候甚暖湿，竹子大片在温带区域生长，当时就有可能在竹山岛上生长。它的种子也有可能是随着古人的船只带过去的。另一种看法认为可能是数万年前，海面下降，比现代海面更低，当时渤海海峡露出水面，庙岛列岛也成为陆地上的一些山丘。此时大陆之上，翠竹丛生，作为山丘的庙岛列岛原就有翠竹生长着。后来随着海平面的抬升，陆地上的山丘渐渐被海水淹没，成为庙岛列岛，而岛上生长的翠竹一直留了下来，于是直到今天仍可在竹山岛上见其婆娑身影。

竹山岛上的竹子到底是如何生长出来的，至今仍是个谜。

六、砣矶岛

砣矶岛处于庙岛列岛的中间，南有长山岛、庙岛、大黑山岛等组

成的南群岛，北有南、北隍城岛和大、小钦岛组成的北岛。

砣矶岛之景，在于三绝：砚台石、盆景石和彩色石。故砣矶岛又称为石岛，在国内外享有较高的声誉。

砣矶岛西侧的清泉池处，开采的石料石色青黑，质地坚硬，油润细腻，金星闪烁，雪浪翻涌，是我国著名的鲁砚石料之一，名曰"金星雪浪石"。经能工巧匠们的一番精心加工制作，成为砚台，历来受到文人墨客的赏识，是历代地方官吏敬献皇帝的贡品。乾隆皇帝有一次得此地方砚台一个，观后十分欣赏，还赋诗一首大加赞赏。

砣矶岛上的盆景石和彩色石也都同样著名。岛上岩石之中常有白色的石英和蓝绿色的绿泥石相间共生排列在一起，组成蓝白相间的条带状彩色石块。把这些彩色石制成盆景，竖直而置，若万泉争流，气势磅礴；横卧而放，则白云绕峰，缥缈神奇。若再适当加工成一定形状，进一步让其天然之色彩显示出来，并配上恰当的名称，那么，砣矶岛上的彩色石块就会变成一

个玲珑剔透、仪态万方的精美盆景了。用"无声的诗，立体的画"来描绘砣矶岛盆景，是再恰当不过了。

彩色石是砣矶岛上的又一大特产，其最大特点是色彩斑斓、图纹多变。色彩则赤橙黄绿青蓝紫黑白俱全，纹则直曲长短粗细皆有，一块块被海浪冲蚀成各种形状的石头，分布着这些美妙绝伦的图案，恰如一幅彩墨酣畅、笔走龙蛇的中国泼墨山水画，细细观之令人倍感逼真生动：有的如同行云流水，江河奔流；有的如同江心沙渚，画面充满诗意；有的如同雕梁画栋，姿态各异，形象不一。

整个砣矶岛，就宛若一个神奇的壁画世界，一个充满着幻想的童话天地，一个天然的艺术回廊。使得诗人至此，诗兴勃发；画家至此，更是自叹丹青不及。

七、大钦岛

大钦岛位于北岛群的南端，在其北面有一小岛相随，名为小钦岛。

大钦岛上生长繁衍着许多蝎子，这与大钦岛上特殊的自然环境有着密切的关系。这里林木茂盛，

花草丛生，枯叶成堆，顽石遍布，为蝎子的生存繁衍提供了十分有利的条件。由于大钦岛上人烟稀少，捕捉蝎子为数尚少，故蝎子在大钦岛得以大量繁衍。

蝎子喜爱群居，至少三五成群，多者几十甚至上百只聚集在一处适宜隐蔽的地方。在一些堰坝或石堆里，你若仔细去观察一番，有时可发现上百只大小不一的蝎子抱在一起，形成奇特的蝎子球。

大钦岛上，也是经常可见海市蜃楼的地方。1984年7月29日下午4时，在大钦岛的正西方向，曾连续出现过两次海市蜃楼。在4时40分左右，只见海面上突然出现了一片层层叠叠的山峦坡谷，其上遍布高高低低、大大小小的各种建筑物，尤其是那高耸的烟囱十分引人注目，烟囱里还冒着黑烟呢！还有各种车辆在街道上穿梭来往，路上有许多游移的黑点，影影绰绰，极像街上的行人在行走。这次海市蜃楼持续了40分钟左右，至5时20分才逐渐消失。正当游人们余兴未尽，流连忘返之际，海面上又一次出现了极为壮观的海市蜃楼，时间是5时30分，离前一次的幻景只相差10分钟，使观看的人们又一次大饱眼福。这种机遇一生难得，使人终生难忘。

第五章　山东省的岛屿

一、海驴岛

海驴岛坐落在山东省荣成市成山头西北的大海中。这是一个比较独特的小岛，岛上悬崖陡壁，花团锦簇，一群群海鸥往来盘旋其上，隔海望去，整个岛屿状似一只瘦驴卧于海中，所以称为海驴岛。

海驴岛距海岸1600余米，面积1312平方米。据神话传说，二郎神挑山填海曾行至成山，正行间忽闻东海有驴的叫声，西岸有鸡的鸣声，一惊之下扁担折断，挑筐随即落入海中，化为两座海岛。从此，人们便称东岛为海驴岛，西岛为鸡鸣岛，两岛之间各有一块耸天而立、高达数丈的石柱，便喻为"扁担石"。虽为神话，但两岛自然形状却与神话十分相配。

海驴岛上，山石景色，神奇莫测。经长久的潮水波浪冲击侵蚀，岛之四周岸崖已是满目疮痍，洞孔累累，千奇百怪，各具风韵。大的海蚀洞内可以行舟，小的海蚀洞则仅能容纳数人。粉红色的岩石，层层叠叠，造型生动，可谓步步有景，景景生情，令人心驰神往，回味无穷。海驴岛是鸟的世界。登上海驴岛，只见岛上海鸥遍地，众多的海鸥"咕咕"地叫着。由于岛上尚无居民，也没有其他天敌，故海鸥之繁衍越演越烈。有时一大群海鸥同时栖息在一块岩礁上，几乎覆盖了整块岩礁，远远望去，宛如一块洁白的冰山！

海鸥大量繁衍生息在海驴岛，与岛的自然条件和特殊地理位置是分不开的。每当清明过后，即是海鸥的产卵时期。产卵后月余开始孵化，这时海鸥很少离窝，即使人们去赶它，它也不愿离开。所以，海驴岛的海鸥，栖息在岛礁岩缝中的多，而飞翔在天空中的少。

鸟总是和花连在一起的。海驴岛不仅是鸟的世界，也是花的王国。据《荣成县志》记载，在唐代以前，岛上遍布耐冬花。每逢早春，耐冬鲜花盛开，漫山遍野均是花的海洋。因此，海驴岛又有冬花岛之美名。

几经沧桑，现在岛上的耐冬花已绝迹，代替它的则是成方连片的山菊花。每逢金秋时节，金黄色的花朵便热烈地开放起来，远远望去，一片金色，景色非常优美。

二、刘公岛

在山东半岛东北端的威海港湾前，横浮着一座碧绿苍翠的海岛，这就是闻名遐迩的刘公岛。它东西长4千米，南北最宽处约2千米，海拔152米。刘公岛美丽幽静，当地的文人墨客常常喻它为令人神往的仙境，赞叹道："十里绝尘埃，清远哗嚣少"，"应是蓬莱原不远，探幽何必到三峰。"

然而，招引四方游客络绎而至的，不仅仅是这恬静的岛光水色，

雾气蒙蒙的刘公岛

还因为这里是我国第一支海军——北洋水师的诞生地。至今，岛上还保留着清朝北洋水师的提督署、铁码头、船坞、水师学堂以及中日甲午海战用过的古炮台。

刘公岛南北两岸青山巍峨，逶迤东伸，宛如两条巨龙入海。刘公岛砥柱中流，形成二龙戏珠之势，紧守湾口大门，古有"东隅屏藩"之称。诗人对大自然的鬼斧神工感叹不已，曾有"形势天然鬼工造，烈岛欲岈锁钥成"，"巨镇天开海国雄，屹然海际跨瀛东"的诗句赞美。

刘公岛在历史上曾有过许多名称。汉时称"刘氏别业"，元代称刘岛、刘家岛，明中后期一度称刘岛山。明隆庆六年，才有官方奏章和皇帝诏令中正式出现刘公岛这一名称，沿袭至今已有400多年的

历史。

刘公岛的诸多名称，旧方志一类的书中都有记载。尽管缺乏确凿的历史依据，有的是传说，有的是神话，但都有一段完整美好的故事。

清乾隆本《威海卫志》记载，在《广舆记》和《续夷坚志》两书里都记载有石落村刘氏海滨得巨鱼百丈、用鱼骨修鲤堂的故事。故事说，石落河北岸有个石落村（位置在刘公岛人民商场和海林宾馆附近），住着刘姓人家。有一天"九天云垂海欲立，乘风抉石声隆隆"，须臾风平浪静，明月如洗。第二天早晨，刘公巡视海滩发现一条百丈巨鱼，人们纷纷前来割取鱼肉。"脂膏割尽骨空存，架骨为梁镇庙门"，盖的这座房子就是"鲤堂"。刘氏还做了木船，经常渡海到对面岛上垦荒种地，消暑歇凉，这岛自然就是刘氏的另一处产业了，故称"刘氏别业"。

刘岛、刘家岛、刘岛山，元代和明代，海上运输比较发达。威海系南北海运必由之路，刘公岛为重要避风泊船之所，船只最多时达数百艘。元史记载登州府、崇明县、文登县三县志凡序海道或刘岛或云刘家岛。明嘉靖末年（1553～1565），胡宗宪编绘《筹海图编》中称刘公岛为刘岛山。元明时期刘公岛何以姓"刘"，通常有两种说法：一说认为刘氏指的就是汉代石落村之刘姓；另一说认为指的是东汉末年刘氏皇族的一支人，他们不堪曹魏政权的剪伐，东迁避难至岛上定居。岛上有魏文帝黄初年号，说明后来曹魏加强了对沿海及其岛屿的统治。此时，刘姓是否还在岛上居住不得而知。明代，威海卫的刘姓，全系移民，岛上自然也没有原居之刘姓了。到了清代，岛上只有张、于、马、丛、邹、姜等姓。然而刘家岛的名字却一直使用到明嘉靖年间。

刘公岛，最早见于明隆庆年间。隆庆六年，明督漕王宗沐上本请行海运。准奏。诏令运12万石自淮入海，并规定了海上运输路线，其中就有刘公岛、威海卫的名称。至于为什么称刘公岛，无据可查，大约与此时民间流传的刘公、刘母故居有关。

相传在数百年前，有一南方

商船向北行驶，忽然天气恶变，狂风大作，海天迷茫，不见陆地。起初，船上的人一面与狂涛恶浪搏斗，一面向苍天祷告。后来，粮食和淡水渐渐用光，船上的人筋疲力尽，有的晕倒在船舱里，有的蜷卧在舱板上，听天由命。这时，一位白发银须的老人救起了大家，并将他们安置在近处的一座海苔窝棚里休息。不一会儿，老汉又领来了一位面孔和善的老妇人，并带来了热气腾腾的姜汤、面条、地瓜和玉米饼子。全船的人感激不尽，个个热泪盈眶，不知说什么好。在两位老人的照料下，船民很快恢复了体力。风暴过后，海上风平浪静，商船要起航了，两位老人又送来了一些米面，让大家在路上好用。船老大过意不去，和大伙悄悄商量，送一些从南方带来的珍品，酬谢两位老人的搭救之恩。当他们从船上拿来了礼品时，两位老人却不见了。他们找遍了整个海岛，始终不见他们的身影，众人认为一定是神仙搭救，当即叩拜再三而去。事后，有人评论说，这是刘姓老人一贯全心行善、不求报谢的崇高风尚。后来，凡是渔民遇险到岛上来，都会受到刘氏的接济和指航，一时成为流传南北的佳话。人们尊称老人为刘公、刘母。若干年后，船民和岛上百姓为了纪念善心的老人，在岛的中部阳坡上建造了一座祠庙，按照人们的回忆，在庙内塑了刘公、刘母像。从此南来北往的船只每行至岛前，船民必登岸前去祈祷祭拜，并把该岛称为刘公岛。

龙宫岛，此名流传不广。明清年间，只有少数文人、渔民把刘公岛比做龙宫。因岛四周水深浪高，海水最深处达30余米，似万丈深渊，蓝黑异常，各种怪鱼奇虾，常常跃游岛旁，戏弄渔船，故早年渔民都深信这里水下是海龙王的居处。明代，威海卫人王悦在《威海赋》中写道："且夫海不徒巨而已也，其下有宝货之窟，珠宫贝阙，蛟龙所都，螭鼋所宅，鲸鲲所游，鳌鳅所穴。怒则吞舟，戏则拍浪，以至殊鳞异族，则又浮沉而自适也。"清代，威海卫王瀛有七绝诗："云垂水立白波重，队队长鲸出浪中。疑是逍遥醒欲化，居人只道觐龙宫。"清代人王士禛在《古夫于亭杂录》中，有关于龙宫造殿的故事流传以后，威海人认为故事里的龙宫就在刘公岛，因此，有人把刘公岛称作龙宫岛。

登上刘公岛，北洋水师提督署那飞甍广厦、雕梁画栋便映入眼帘。这是一座式样别致的古建筑。它踞崖临海，分外壮观。两座鼓乐楼，分别坐落在朱漆大门两边，高阶上三门并列，气势雄伟。北洋海军提督署，又称水师衙门，建于1888年，坐落在刘公岛中部偏西，"傍海修筑，高踞危岩，下临无地"，长垣环围，坐北朝南，面积一万多平方米。朱漆正门上，有李鸿章题写"海军公所"门匾。大门东西两侧各置角楼，飞檐翘角，漆柱支顶，为北洋海军庆祝大典和迎送宾客时鸣金奏乐而设。东西角楼两侧，建东西辕门。迎大门树旗杆一支，悬黄龙旗。正西角楼前，设一望台，用以观察港湾内舰船活动情况。

据史书记载，光绪年间，清政府创办北洋海军，从1881年~1891年，在刘公岛先后设立了工程局、机器厂、屯煤所，兴建北洋海军提督署、威海海军学校、海陆军官邸、营房、铁码头、炮台等。港内舰船将近50艘，岛陆军多达4个营。北洋海军正式成军后，丁汝昌、刘步蟾、林泰曾、杨用霖、邓世昌、林永升、方伯谦等重要将领，以及汉纳根、马格绿、浩威等洋员，均住在岛上官邸。

提督署按中轴线建厅堂三进，分前中后三厅。前厅为议事厅；中厅为宴会厅，院内设有地下储水池设施；后厅为祭祀殿。东西跨院间有长廊贯通，迂曲折回，与陪厅、厢房连成一体。整个建筑画栋雕梁，朱红圆柱，青瓦飞檐，布局宏伟，为清式举架木砖结构，呈现我国传统的民族建筑风格。

水师提督署院两边是配厢，三进署院瑰丽肃穆，长廊曲折蜿蜒，构筑巧妙。第一进署院的西厢房是中日甲午海战纪念室。室内陈列着甲午海战中日军进攻的线路图、战场照片、威海卫防务图、北洋水师战舰、炮台遗址图片，还有在海战中被击毙的日军将领图片。水师提督丁汝昌，爱国将领邓世昌、刘步蟾、林永升的遗像，陈列在纪念室中间，旁边还有丁汝昌的墨宝、当地百姓为纪念殉难者写的祭文和群众慰问北洋水师的照片。引人注目的是这里还陈列着一支铁锚的照片，这幅照片是纪念室后来增加的。这铁锚，是被日本俘获的我北洋水师战列舰"镇远"号的船锚，抗战胜利后，日本将其送还我国，原物现陈列在首都军事博物馆里。

水师提督署二进署院是丁老将军自杀殉职的地方。中日甲午之战末期，丁汝昌把海军文卷全部送往烟台，决心与敌人决一死战。战斗中他亲临前线作战指挥，负伤后仍坐在甲板上督战。在洋人和投降派持刀逼其投降时，他严词拒绝说："我知事必出此，然我必先死，断不能坐睹此事。"他悲愤至极，服毒自尽。后人为凭吊这位海军提督，写了这样一首七言绝句：

故垒萧条大树凋，
高衔依旧俯寒潮。
英名左邓同千古，
白骨沉沙恨未消。

走出提督署，沿一条山路盘旋而上，登上刘公岛的最高处。在这里俯瞰刘公岛，无限风光尽收眼底：碧水环绕，孤峰屹峙，满山青松郁郁葱葱，林涛作响，好似呼唤先烈；遍地藤萝如张绿网，紧罩海岛，就连那绿油油的小草，也密密地覆盖着每一寸土地。

刘公岛山坡上高高耸立的"北洋海军忠魂碑"，坐落在繁茂的松柏树丛中。碑呈六棱形，上窄下宽，犹如一柄刺向蓝天的宝剑。它是为纪念北洋海军成立100周年时修建的，慰藉甲午海战中殉国的北洋海军官兵。碑的宝剑造型，充分显示了中华民族反抗侵略的坚强意志。

现在，刘公岛上有6座清代炮台，这些炮台是从1889年～1890年6月陆续修建的。炮台施工严谨，造型巧妙，坚固实用，并与南北两岸炮台遥相呼应。工程规模之宏伟浩大，当时曾为许多诗人赞叹："一台尽聚九州铁，熔铸几费炉中烟。"，"有此已足固吾圉，况是众志如城坚。"旗顶山炮台在刘公岛最高点旗顶山上，在此可俯瞰刘公岛周围海面。炮台修有隐蔽室，

直通各炮台。该炮台设24厘米口径平射炮4门，火力可支援岛上其他各炮台。遗迹尚存，供游人参观游览。

刘公岛北炮台在岛西北的小山井上，因距提督署较近，亦称公所后炮台。该炮台设各种口径火炮16门，倚山建有兵舍14间，炮手可由地道直达炮位。此炮台可监视西北至西南海面，与北炮台遥相呼应，形成交叉火力。现已修复炮位一处，供游人参观。

东泓炮台坐落在刘公岛主峰旗顶山东麓之山包上，设各种口径火炮14门。炮台下有地道通往兵舍，炮兵可从地道直达炮位。地道为砖石结构，拱券穹顶。最高处4米，宽3.2米，平均高、宽在2.6米左右，有完好的通气设备。兵舍在地道的出口，依山而建，十分隐蔽。兵舍每间约22平方米，有7个大门可通外界，屋内互相贯通，进出方便。此炮台可监视岛东北至东南海面，与日岛炮台遥相呼应，形成交叉火力。甲午战争时，炮台毁于战火，现仅存兵舍。南嘴炮台在刘公岛东南，距东泓炮台约500米，设各种口径火炮14门。该炮台属露天临时炮台，可与日岛炮台形成交叉火力，阻止敌舰从南口侵入港湾。该炮台毁于战火。

迎门洞炮台在旗顶山东麓一山包上，设24厘米平射炮一门，地势高于东泓炮台，可监视东至东北海面。修有隐蔽室和水泥掩体，现炮台已毁，遗址尚存。

刘公岛山下有一座北洋水师停泊战舰的铁码头。据记载，当年北洋水师拥有各种舰艇51艘，同日军力量不相上下，然而在甲午战中却遭惨败。导致战争失败的是腐败的清朝统治集团。丁汝昌等忠勇将士，壮志难酬，衔恨以终，北洋水师也全军覆灭了。

这是中国历史上多么悲痛的一页啊！悲风四起，海浪呼啸，山岳低首，草木含悲，中华民族的万代子孙永远不会忘记这些爱国的将士们。

第六章　浙江省的岛屿
◎　◎　◎　　◎　◎　◎　◎　◎

一、舟山群岛

舟山群岛坐落在东海西北部，杭州湾的东方，西北临上海，紧靠祖国大陆，隶属浙江省。

舟山群岛岛礁众多，星罗棋布，共有大小岛屿1339个，相当于我国海岛总数的20%，分布海域面积2.08万平方千米，陆域面积1371平方千米。其中1平方千米以上的岛屿58个，占该群岛总面积的96.9%。有人居住的岛屿有160多个。岛中有海，海中有岛，"大岛如舟"故名舟山群岛。整个岛群呈北东走向依次排列。南部大岛较多，海拔较高，排列密集；北部多为小岛，地势较低，分布较散。主要岛屿有舟山岛、岱山岛、朱家尖岛、六横岛、长涂岛等，其中舟山岛最大，面积为502平方千米，为我国第四大岛。1987年，经国务院批准，舟山成为浙江省辖市，下辖定海、普陀两区和岱山、嵊泗两县，是名副其实的千岛之市。

5000多年前就有人类在舟山群岛繁衍生息。唐代开始建县，至今已有1200多年的历史。

舟山群岛古称"海中洲"。当地有这样一段美丽的传说：在很久以前，东海是一座繁华的都城，因它坐落在太阳升起的地方，所以叫作"东都"。可是，由于朝廷腐败，官府枉法，好端端的一座都城竟被糟蹋成尔虞我诈、男盗女娼的污秽之地。有一年，闹市上新开了一个"凭良心"油店。店里有一个白发苍苍的老汉，他卖的油都是味香色清的上等油，而且油钱箱就挂在店门口，无论谁来买油，钱放多少，油舀多少，都随买主自便，老

汉从不过问。因此，买油人中有许多"昧良心"者，或是少付多舀，或是干脆把家里的瓶瓶罐罐装得很满。奇怪的是，一连数月，油店的油像海水那样源源不绝。

离城十里，住着一户姓葛的人家，娘儿俩相依为命，过着清贫的日子。这一年，儿子长到16岁，娘才给他取了个名字，叫仙翁。意思是指望他无苦无难，能像仙人一样长命百岁。葛仙翁自幼忠厚老实，对娘十分孝敬，他每天起早摸黑地上山砍柴，换来钱粮供养老娘，街坊乡邻都称赞他是"孝子葛仙翁"。

有一天，葛仙翁又挑着柴担进城。出门前，娘递给他一只油瓶

叫他买些便宜的油。葛仙翁卖掉柴就来到了"凭良心"油店，将卖掉柴得来的20文钱全投进"油钱箱"里，然后舀了一瓶油，高高兴兴地回了家。娘接过瓶问了个仔细，按价一算，发觉儿子少付了五文油钱，顿时生气了："人家那么大年纪，靠卖油过日子，你年轻力壮，应该资助一些才是，怎可贪便宜少付钱？"

葛仙翁听了娘的话好惭愧，他回去赔礼道歉，并把多舀的油倒回油缸。

老店主捋着白胡子，不动声色地打量着葛仙翁，心里称赞道：难得，实在难得。他对仙翁说："这

舟山群岛

位小哥，老汉有一事相告。日后，要是你见到城门外的石狮子口中出血，要赶快朝西北方向逃奔，切记！切记！"

原来，这位老店主正是神仙吕洞宾。他将此事告知了这位老实的葛仙翁，便离开了东都。从此，葛仙翁每日清早都去城门外看石狮子，无论刮风下雨从不间断。一连看了几个月，这引起了东都城外一个屠夫的注意，他问葛仙翁看石狮子干什么？葛仙翁把老店主的话告诉了他，他觉得好笑，石狮子怎么能出血呢？

次日清晨，突然风雨交加，屠夫要进城卖猪肉，刚好到城门下避雨。看见了城门外的石狮子，记起仙翁说的话，心想，何不来个弄假成真，戏弄一下这个老实的傻瓜？于是，他顺手从箩里拿出一罐猪血，倒进石狮子口中。一会儿，仙翁来了，看到石狮子口中有血，转身就跑。屠夫在一旁偷看着，笑得合不拢嘴。

舟山海岸晚景

葛仙翁跑回家，把石狮子口吐鲜血的事告诉了母亲，又奔走告诉乡邻。众人哪里肯信，都觉得他荒唐可笑，骂仙翁是疯子、呆子。只有少数厚道的乡邻认为仙翁没有说谎，也就半信半疑地打点行装，准备逃奔。

雨越下越大，仙翁背着老娘打前，乡邻们跟后，直朝西北方向奔走。当他们离村四五里远时，猛地听到一声惊天动地的响声，众人一看，偌大一座都城，瞬间成为一片汪洋。葛仙翁他们继续朝西北方向逃走。他们在前面走，陆地在后面坍。就这样，他们走一步，坍一步，过一处，坍一处。也不知奔了多少路程，坍了多少地方，最后，他们实在走不动了，就停下来。说也奇怪，他们一停，那汹涌咆哮的浪头也戛然而止。

这时天已晚了，葛仙翁担心就地宿夜会有危险。他顾不得休息，就背着老娘爬上一座高山，在山顶上安置老娘过夜。

次日清晨，朝霞万朵。他们往四周一看，皆是一片大海，只有他们歇息过的地方和这座高山连在一起，成为一个大岛，像是一只船浮在海面上。于是，他们称这个大岛叫"海中洲"。后人又把这个岛叫作"舟山岛"，把葛仙翁他们歇脚的地方叫"定海"，还把葛仙翁放娘休息的山顶叫"放娘尖"。

新中国成立后，1950年设舟山专区，1987年1月设舟山市。现在的舟山群岛港口发展迅速，已成为上海、宁波水运中转的卫星港。舟山群岛是我国沿海航线中途的必经之地。

舟山群岛是浙东天台山脉向海延伸的余脉。在1万年至8000年前，由于海平面上升将山体淹没才形成今天的岛群。群岛的最高峰在桃花岛的对峙山，海拔544.4米。整个群岛属于低山丘陵地貌类型。海平面的升降以及长期的海浪冲蚀，使舟山群岛发育了海蚀阶地、洞穴。舟山岛上10米高的海蚀阶地到处可见，30米高的阶地更为清晰。普陀山岛的梵音洞、潮音洞都属海蚀洞穴。潮流像一个大搬运工一样把大量泥沙搬运到群岛的隐蔽地带沉积，把几个岛屿连接起来，形成岛上的堆积平原。舟山岛、朱家尖、岱山岛都是由于海积平原的扩展形成的大岛。

在大地构造上，舟山群岛属于华夏大陆浙闽穹折带的一部分，地层与浙东陆地相同，大多由中生代火山岩构成，还有片麻岩、大理岩等古老的变质岩和新生代的玄武岩。第四纪以来，伴随着海平面的多次升降，又沉积了海相沙砾层和淤泥滩堆积。

舟山群岛风光秀丽，气候宜人。这里秀岩嶙峋、奇石林立、异礁遍布，拥有两个国家级海上一级风景区。著名岛景有海天佛国普陀山、海上雁荡朱家尖、海上蓬莱岱山和南方北戴河泗礁山。东海观音山峰峦叠翠，山上山下美景相连，人称东海第二佛教名山。花岛上奇岩异洞处处，山峰终年云雾笼罩。枸杞山岛巨石耸立，摩崖石刻处处可见。黄龙岛上有两块奇石，如同两块元宝落在山崖。大洋山岛溪流穿洞而过，水声潺潺，美丽的景点数不胜数。

普陀山山色翠绿，寺院错落，是我国四大佛教名山之一。传说这里是观音修身得道的地方，山中所有的寺院都供奉着观音菩萨，因此

普陀山上风景如画

号称海天佛国。岛上名刹处比比皆是，有大小寺院、庵堂100多座。其中明末清初建筑的普济寺、法雨寺、慧济寺三大寺院规模最为宏大，庄严巍峨、古朴典雅。寺院屋顶上的各色琉璃瓦，在阳光照射下放射出万道彩虹，形成佛光普照的绮丽景观。普陀山1982年被国家列为一级风景名胜区。

普陀山自然风光也十分秀丽。"南天门"雄伟壮观，"仙人洞"水声如乐，"西天"奇峰俊秀，"潮音洞"涛鸣震耳，百步沙海滨浴场细沙如金，从百步沙沿千级石阶直上佛顶山，山腰巨石凌空而立，"海天佛国""扶云石"摩崖石刻分书两石。登至山巅回首遥望，金沙绵亘，碧海白帆，苍柏古塔，真如海天佛国一般。

美丽的岱山岛，自古从来就有海上仙岛之称，唐代就载入了我国的风景名胜史册。

海上蓬莱岱山风光如画。蒲门晓日、石壁残照、白峰积雪、鹿拦晴沙、南浦归帆、石桥春涨、鱼山蜃楼、横街鱼市、衢港渔火、竹屿怒涛被称为岱山十景，自明清时期

舟山的沈家门港

就已广为流传。

摩星山顶终年积雪不消，远望山峰洁白，周围苍松翠柏环抱，就像绿色荷叶上的一朵含苞欲放的大白莲花。这在亚热带海区实在难得一见。石壁残照共有50多处洞景。石壁形如刀劈，石峰雄伟挺拔，石潭清澈见底，石幔五颜六色……白云浮连峭壁，如同夕阳映照。

嵊泗列岛是国家一级风景区，其中最有名的是人称南方北戴河的泗礁山基湖沙滩。它长2000多

米，宽约300米，总面积约66万平方米。三面苍松拥抱，滩面柔松如绵，滩下海清水浅。涌浪冲滩时，风卷银色浪花层层推进，波浪退却后，沙滩平如镜面。

防浪堤上，几栋青石红瓦的水榭建筑掩映于青松翠柏之中。步入楼中，透过宽大明亮的落地玻璃窗，宽阔的大海，金色的沙滩，起伏的渔帆，翩翩的海鸟，翠绿的山峦，尽入眼帘。夜幕降临，海面幽静神奇。海风轻拂，海涛轻奏，海面深处无数巨轮灯火点点，晶莹闪亮，似星座撒落海面。回首沙滩，两座如鼠欲窜、形态逼真的岛礁朦胧于月色之中；换个角度看，一座形似老鼠，一座却如花轿，因此又有"鼠山花轿"之说。沙滩山青、水秀、石奇、湾美，不是北戴河，胜似北戴河。

沈家门港即位于本岛，是我国最大的优良渔港。港内水域宽阔，波平浪静，可容纳万余艘渔船避风、驻泊，是我国最大的渔业生产和补给基地，每年鱼货吞吐量超过百万吨。

每当渔汛季节，沿海各省渔船云集，港内桅杆如林。清晨旭日东升，万艘渔船扬帆起锚，汽笛声声，陆续出港渐渐消失于碧海蓝天之中；黄昏时分，渔船载货而归，渔港一片沸腾；入夜，渔灯齐亮，灿若繁星，照得渔港彻夜通明。如今沈家门港规模正在扩大，港口建设日新月异，这颗东海明珠将更加绚丽多彩。

二、岱山岛

岱山岛，古称蓬莱。据记载，秦始皇二十八年间，曾派方士带领童男童女数千人，到蓬莱仙山求山神施舍不死药。当时的蓬莱仙山即如今的岱山岛。

岱山岛，位于舟山群岛中部，全县境内共有400个岛屿。自古以来，岱山岛就有蓬莱十景之说，风景十分优雅。许多景点还有独到之处，令人眼界大开。

在岱山大小竹屿海域，每逢七、八、九三个月，从竹屿到岱山的水道中，常常可见到数百条海豚结队成群，游来游去，还不时跃出海面、扬身再入海水之中，形若拜江，故人称"海豚拜江"。尤当游

蓬莱岱山岛

船经过，极具智慧的海豚还常追随船尾，逐浪嬉闹，别有乐趣。

每逢中秋过后，成群结队的鲸鱼从海洋浩浩荡荡地闯入岱山水道，又沿岱山水道北上直达岱衢洋面。鲸鱼群来临时，登上西鹤嘴的天灯山从高处俯视水面，只见鲸群追逐嬉闹，还不时喷出数丈高的水柱，甚至有群鲸齐喷水柱的情景，那壮观的场面，宛若巨大的喷泉在喷水，能够确实让人领略自然界的奇妙。

众所周知，鲸鱼一般生活在外海，东海一带并不多见，尤其是水质浑浊的舟山群岛，能见到这样鲸鱼成群现象，实在是十分难得。

燕窝山上的海上石笋，其实是海中礁石，经海潮长久的冲刷、风化演变而成。登临燕窝山顶，只见海潮起伏中，石笋忽高忽低，随波隐现，动中有静，静中有动，情景十分生动。

另外，在燕窝山的礁石丛中、海滩边，可以随手拾到五颜六色的鹅卵石，玲珑剔透，光滑可爱，拾之可留作纪念。

从岱山岛的磨心山望海亭鸟瞰四周海域和舟山群岛，千岛星罗棋布的壮观景色尽收眼底。登高临海，眺望海天苍苍，浩瀚无际，渔帆点点，波光粼粼，疑为仙境。构成了一幅神奇的海上千岛湖图画。

此外，在岱山岛旁边还有不少旅游景点。比较著名的有长涂山岛，现已有人工岸堤将之与岱山本岛连起来。长涂山岛上有著名的西鹤嘴灯塔、传灯庵、对虾鱼塘、倭井潭遗址等景点。

三、浪岗岛

浪岗岛，是舟山群岛最边远的一个小岛。岛小得"吸支烟，转一圈"。低头一片水，抬头一片天，转来转去是石头尖。岛虽小却另有一番景色。平时无风三尺浪，有风浪过岗。小岛周围终年套着白浪编织的花环，涛声如雷，四季不息。真是："不关风起亦生涛，夕汐朝潮势怒号。"

岛上虽然没有居民，但每年夏天这里却成了世界上人口最稠密的地方。岛上渔民云集，搭满了渔棚，住满男女老少，昼夜炉火通红，人声沸腾，热闹得像个海上的小市镇。一到晚上，港湾里停满了渔船，灯龙火影，机声隆隆。有诗描写道："无数渔船一港收，渔灯点点漾中流，九天星斗三更落，照遍珊瑚海上洲。"可是在旧社会，这儿却十分荒凉，是海匪出没的地方。渔民们不敢来浪岗，祖祖辈辈流传着这样一首歌谣："浪岗三块山，上山十万难，家有一碗薄稀饭，宁死不上浪岗山。"如今岛上驻守着人民海军，渔民有了靠山，

昔日的荒岛如今成为金库，每年在浪岗的碧波底下，捕幼鲳、扣淡菜，产值近100万元，是个有名的"浪山金库"。

每年春暖花开之后，成千上万尾半寸绿豆芽那么长的幼鲳，云集到浪岗岛附近海面。每到夜晚，渔船点上雪亮的汽灯，往海面一照，那半透明的幼鲳，就密密麻麻得像白云般涌来，厚达一两米，多时一网能捞1000多千克。5月之后，浪岗就变成不夜岛了。海上渔火像满天星斗一样多，岛上的炉火像元宵节的花灯一样密。儿童们忙着拉风箱，妇女们忙着加煤烧水晒鱼干。有经验的老渔民立在热气腾腾的锅边，往锅里加上适量盐巴，然后把放在竹筐里的半透明的幼鲳浸在沸腾的水里，用长竹竿当筷子，均匀地搅拌，等半透明的幼鲳变成银白色，就连竹筐捞起来，再换上一筐。第二天早晨，朝霞满天时，军营的水泥房顶上，都晒满了这种银色粉丝似的小鱼，这就是做汤味最鲜美的"海蜒干"。古人有诗描写这种海蜒的特点和鲜美的味道："波平风静火光明，海蜒齐来旁火

行；若与冬瓜同煮食，清于坡老鳖裙羹。"后两句形容海蜒冬瓜汤，比苏东坡爱吃的甲鱼汤还要鲜美。

浪岗岛最有名气的还是淡菜。淡菜又叫贻贝、壳菜。它状似珍珠贝，肥大得像个小粽子，掰开一看，里面的肉是银白色的，又嫩又娇，古人称它为"东海夫人"。鲜淡菜往开水里一煮，略加点盐，味道天然的鲜美。那掰开的贝壳，里面发紫像云母，闪着珍珠般的光泽，两半分开之后，活像猫耳朵，可以用来烧石灰。在浪岗岛的岩石上，到处堆着这种贝壳。

淡菜明明是一种贝类类动物，为什么要叫菜呢？明明生长在盐度很浓的海水里，为什么又加个淡字呢？原来淡菜从小就生长在岩缝石头上，有一种植物根须一样的吸

好吃的贻贝

盘，牢牢地吸在岩石上，从来不动，就像海里的植物，因此叫菜。它虽然生活在盐度极浓的海水里，但它的肉是清淡、洁白的，营养价值很高，是一种高蛋白食品。经常吃能舒筋活血，防治高血压，健肠胃，因此加个淡字也不能说是没有道理的。如今许多渔业队已经掌握了这种淡菜生长的规律，开始人工繁殖。青岛人叫"海虹"的贝类，舟山群岛人叫"毛娘"的贝类，都是野生淡菜的变种。

四、小岛普陀山

"海天佛国"普陀山，同峨眉山、五台山、九华山等佛教名山齐名，它是佛教由海路东传入华的聚结与辐射圣地，独具特色。

普陀山是舟山群岛中的一个小岛，如翡翠镶嵌在东海的万顷波涛之中。该岛呈狭长形，南北长约6.9千米，东西宽4.3千米，面积12.6平方千米。普陀山地势西北高峻，东南低平，有山16座，峰18顶，最高峰为岛北的佛顶山，海拔291.3米。全岛山姿秀丽，海岸曲折，多礁石沙滩，气候宜人，冬暖

普陀山岛

夏凉，湿润多雨，为我国四大佛教名山之一，以"海天佛国"驰名中外。

普陀山在唐朝以前称梅岑山，因东汉成帝时炼丹家梅福隐修于此而得名。历代封建帝王大力倡导佛教，至唐更趋昌盛。相传公元9世纪中叶，有大竺（今印度）僧人来山，并得梵名：Potalaka，音译普陀逻迦，汉语的意思是"小白花"。又因历代帝王多建都北方，称东海为"南海"，所以又称南海普陀山。随着"普陀山"名称的确定和佛教的日益发展，岛上诸景点的名称都与佛教和观音菩萨有关。

善财礁，在普陀山紫竹林东约300米处。据清康熙《定海县志》记载："善财礁在潮音洞前海中……以此山为善财南巡地，故以为名。"

新罗礁，在普陀山观音跳东约50米处。相传观音大士从洛迦山跳到普陀山来，正好脚落此礁。

洛迦山，距普陀山约5千米，被称为观音大士来普陀山前修行之地。山上有"水晶洞"，相传为大士显灵之地。

正趣峰之名出自佛经中正趣菩萨。传说他从远方来，曾在此地现身说法。从短姑道头到前寺中间，有一座正趣亭，亭名来自正趣峰。

普陀山还有为数不少体现山海

奇观自然风貌的地名。

普陀山整个岛形似"龙"，故岛上有不少带"龙"字的地名，其中以伏龙山为著。伏龙山又名龙头山，在普陀山最北端，与茶山相接，蜿蜒如"游龙出海"。

飞沙岙古时是介于青鼓山和佛顶山之间的浅海。明初时船只还可以在此避风，后因飞沙日积成丘阜，加之普陀山受新构造运动的影响，地壳上升，形成了东西长1.5千米的大沙丘，沙子随风吹迁，故称作飞沙岙。

被称为普陀山十二景之一"两洞潮音"的潮音洞和梵音洞，都是在海浪的侵蚀作用下形成的海蚀洞穴。潮音洞为一纵深20多米的岩隙洞穴，因海浪不断冲击洞内，不断发出闷雷般的声音而得名。梵音洞则别具一格，两岩陡峭成洞，洞内曲折通海，潮水涌入洞中，如雷震耳，蔚为奇观。至于洞名梵音，则从佛经来，佛经上说："梵音，海潮音也。"

普陀山石千姿百态，都是大自然雕琢而成。著名的磐陀石，底尖面广，搁在一块巨石上，观之若坠，但千百年来巍然兀立，稳如磐陀，故称"磐陀石"。又如"云扶石"叠在刻有"海天佛国"的巨岩之上，白雾缭绕，时隐时现，欲坠欲扶，故人冠以"云扶"之名。

岛东部海岸以千步金沙著称的千步沙和已开辟为海滨浴场的百步沙，由于两者位于三个岬角之间，千步沙规模较大，故名之；而百

佛国普陀山

步沙只有千步沙长度的1/5，因长度只有百步左右，故名之。千步沙与百步沙中只隔一个小的岬角，它们都是由于海相沉积形成的地貌。每当海潮拍岸，其声如排排响雷，潮水来如奔马，退如卷帘，瞬息万变，气象万千。沙滩坦阔，灿灿如金，柔软似棉，有"黄如金屑如苔"之说，有"南方北戴河""东方夏威夷"之誉。

历史传说和神话是构成普陀山一些地名的另一特色。

"仙人井"在几宝岭下，得名于东晋时葛洪到此用井水炼丹，民间称他为"仙翁"，所以这里称为"仙人井"。

"南天门"在南山上与普陀山"环龙桥"相连。过桥不远，拾级而上，有两块巨石对峙，宛若门阙，故称作"南天门"。门前是浩瀚的大海，传说孙悟空大闹天宫时，曾在这里打败天兵天将，迫使托塔天王仓皇逃走。

"剑劈山"在佛顶山慧济寺附近，系一巨石，中间裂开，酷似用剑劈成，传说这就是《西游记》中的杨戬怒劈"混天石"的故地。

海天佛国普陀山，在我国四大佛教圣地中，形成的历史最短，但知名度最高。

普陀山是供奉女观音的佛教圣地，体现的是观音大慈大悲的温柔心肠，"能普度众生，到极乐世界，"富于人情味。在日本、东南亚佛教界及华侨华人中有深远的影响和吸引力，游客长年不断，盛况空前。

普济禅寺，又称前寺，位于灵鹫峰麓，是全岛的核心，是供奉观音大士的主刹，也是全岛风景区的中心点，建于宋神宗元丰三年，

普陀山观音

重建于清康熙年间。寺内有大圆通殿、天王殿、藏经楼，大殿宏伟。寺前有御碑亭，亭内有清雍正所书玉碑一块，上载普陀山历史。碑旁有海印池——观音菩萨脚踏莲花的莲花池。池中有八角亭，东有永寿桥，西有瑶池桥，寺东南有5层的多宝塔，为元代所建，四周古樟蔽天，它们交相辉映，使水、桥、塔、林、寺融为一体。

法雨寺位于光照峰，又称后寺，是普陀山第二大寺。它的前身是明万历八年（1580）西蜀僧大智创建的海潮庵。万历三十三年至三十四年，增建殿宇，并得朝廷敕赐"护国镇海禅寺"匾额和龙藏佛经。康熙二十八年，当朝赐帑与前寺同修；三十八年御赐"天花法雨"匾额，改名法雨禅寺；雍正九年又进行了大规模扩建，在建筑规模和华丽程度上，都足以与前寺媲美。整个寺院依山起势，层层升高，第一重为天王殿，第二重为玉佛殿，第三重为大圆通殿，第四重为殿宇五间的御碑亭，第五重为高大的大雄宝殿，第六重是全寺最高处的藏经楼。楼后是形如屏风的锦屏山峰，整个法雨寺入山门而上，恍惚步入天宫。置身于此，身心被宏伟的气势所陶醉，涛声、禅声……神游其中，满眼佳景。

慧济寺是普陀山第三大寺，位于普陀山最高峰佛顶山的凹地，树木茂盛。走近后方见殿角露出树梢，非常幽深，有四殿七宫六楼，布局因山制宜，别具一格。大雄宝殿、藏经楼和大悲阁同在一条平行线上。

上述普陀山三大寺庙，成掎角之势，高低错落。每逢庙会，这里更是人流如潮，香烟缭绕，人们纵情游览并拜神祈福。

普陀山景色秀丽，寺庙众多，它的宗教文化和人文景观使这里名扬中外。

无怪乎有"普陀山有宝皆寺，有人皆僧"之说。即使普陀山上的石头，也似乎个个向佛，块块听经。崔树森《"海天佛国"普陀山》介绍"二龟听法石"说："著名的'二龟听法石'，由花岗岩风化、海蚀而成，酷如龟状：一只蹲伏岩顶，回首观望；一只昂首延颈，缘石而上，筋膜毕露，真乃鬼斧神雕、惟妙惟肖。据传二石是当年东海、西海的两位龟丞相，因常常偷听观音说法不肯回海，后经观音点化成石。"

五、南麂列岛

南麂列岛是一个景色优美而默默无闻的列岛。位于浙江南部的敖江口外，属平阳县管辖，距温州和平阳分别为93千米和56千米，总面积约12平方千米，由31个大小海岛组成，主要岛屿有南麂本岛等。南麂列岛以其丰富的贝藻海洋生物资源被列为全国首批五个海洋自然保护区之一，亦是东海海域唯一的海洋自然保护区。同时它又以洁净的海水、深邃的港湾、峭立的岬角和奇特的岛礁，成为东海沿岸众多旅游性海岛中的佼佼者。

南麂列岛的海湾不仅数量较多，而且沙平流缓、景色优美，海滩形态上一般呈现狭深状。主要海湾有南麂港湾、国胜岙、马祖岙等。马祖岙在距岸250米之内，沙质滩面，是较好的海浴场所。

大沙岙沙滩浴场可能是浙沪一带沿海最理想的海滨浴场。大沙岙在南麂本岛的西南部，呈新月形，长达600多米，纵深达300余米。这里金黄色的沙滩纯净松软，湛蓝色的海水常年洁净透明。浴场两旁的岬角深入海中，自然环境幽雅秀丽，浴场淡水充足，滩地宽广，可同时容纳千人游泳。

南麂列岛上的贝类等

在南麂列岛的31个海岛中，风景较佳的有23个。主要有南麂本岛、笔架山岛、小破屿及空心屿等。

南麂列岛诸岛屿大小不一，景观各异，每个岛屿即是一个兼山海奇观的世外桃源、海上仙境。如位于大沙岙口内的虎屿，因其外形如一卧虎而得名岛屿上可观奇石怪礁还可听涛看海。

海礁因其受潮水涨落之故，有明礁、暗礁和干出礁之分。南麂列岛共有60余个海礁景点。

海礁的自然景观是十分独特的。如有一座名叫"别有洞天"的海礁，有着与其名称相当的天然景观。其实，这是一个长形的海礁，位于南麂本岛的南端。由于海浪的长久冲蚀，形成了一个高达30余米、宽约10米的贯通巨洞，宛若有一巨龙穿礁而过留下了这一巨孔，实质是一个残留的海蚀穹。

在此海礁四周的海蚀平台上，遍布礁石，形状各异；平台上面，滩险水急，是听涛、垂钓、观日出的佳处。

在南麂列岛，出露于海中的岩石，具有观赏价值的很多，这样的岩礁景观约有30处。如鼓浪涧，是一个有一条2米多长裂缝的凹形礁。每当东南风起，海水冲击此狭小裂缝中，会发出如钟鼓敲击般的美妙涛声。相传当年宋美龄甚爱听鼓浪涛声，每逢夏秋之交，东南风起，必登此礁聆听一番。

又如蜡烛礁，位于大沙岙口的两侧，海浪冲击，崖体崩落，残留几根石柱，孤立海中，远远望去，宛如支支蜡烛。最长一支高达18米，有"擎天大柱"之别名。

南麂列岛上还有一些人文历史景观，除在国胜山上有一个传说是郑成功当年在此练兵的练兵场，以及几处刻有虎林、海天打拱印、石首呈珠等字迹模糊的摩崖外，美龄别墅也是其中的一个重要景点。

形成于遥远地质时代的南麂列岛，因其优越的地理位置，拥有了华东沿海难得的天然海岛风景和海洋生物资源，加上尚未被污染和自然破坏的环境、清新的空气、清澈的海水和清洁的海滩，使人有一种人间仙境的感觉，置身其中，其乐无穷！

第七章 福建省的岛屿

一、平潭岛

不到平潭岛，不知山水奇！以往只听说蓬莱岛上曾出现虚无缥渺的仙山仙阁，却不知道福建的平潭岛也不止一次出现海市蜃楼。当地县志就记载过此地出现海市蜃楼的情景。只见长着密密相思树和丛丛黄花的岩壁间，展现一片青石砌成的新楼房，岛上鸡犬相闻，炊烟袅袅，四周白浪滔滔，好像是从海里浮起来的世外仙境，登上平潭岛，仿佛进入另一个天地。

1.海中三日

平潭岛位于闽江口南侧，面对东海，是福建沿海第一大岛。它的面积245.7平方千米，周围还有120多个大小岛屿，与台湾的澎湖、广东的南澳形成了"海中三日"。

平潭岛的形状如坛，故又称海坛岛。它东南平坦，西北高耸，岛上多云气，故又名东岚山，亦称岚岛。岚，是山林中袅袅雾气，诗云："瀑布杉松常带雨，夕阳彩翠忽成岚。"所以，岚岛的名字就很有魅力。

平潭岛的历史可以追溯到远古，唐朝时为牧马的地方，宋朝时允许百姓上岛开垦，人口渐渐增多，清朝时仍作开发地区，1911年才把它从福清市管辖下分出来，建立平潭县。

平潭岛是由许多沙拦连起来的岛连岛。周围是由花岗岩组成的数十米至百余米的丘陵，中央是一片由沙质组成的平原。岛东北部的君山海拔456米。平潭岛海岸线十分曲折，多岬角、海湾。岛西部的平潭湾是一个避风良港，明代民族英雄戚继光曾以此湾为海军基地，抗击当时入侵的日本海寇。如今，很多海湾已被沙堤拦阻，成为潟湖。由于受到风和海浪的侵蚀，海滨堆积了大量的铁砂和石英砂，有的岩石面上留有海浪侵蚀的痕迹——海蚀崖和海蚀柱，这些都是平潭岛沧海桑田变迁的见证。

2.湖光山色

平潭岛上最使人流连忘返的还要数"三十六胶湖"。

说到湖，人们也许去过长廊拱卫、寿山倒影、四季飘荡着欢歌笑语的昆明湖；柳丝摇曳、彩舟如云、"淡妆浓抹总相宜"的西子湖；还有烟波浩渺、水天一色的八百里洞庭；雪山环抱、鱼肥草盛的纳木错湖……可是，在这海涛环绕，面积不到300平方千米的海岛上，却有如此令人称道的湖，确实出乎人们的意料。

三十六胶湖在平潭岛南的北厝海滨，是岛上最大的淡水湖。当人们乘坐的汽车穿过平潭岛正中的瑞岭山口，沿新修的石子公路拐向

平潭岛海岸

正南，一股清风立刻从车窗扑进来。再往前走，穿过一个村庄和大片稻田，就是三十六胶湖管理处的驻地。在阳光普照下，清亮碧绿的湖水从脚下一直伸向远方。湖面微波涟漪、漂漂荡荡，湖鸭成群，使整个湖面喧腾异常。湖的北面是如银蛇环舞的瑞岭山，湖的西面是默默静卧的大、小龟山，湖南是大片的松树林，湖东是奇石云集的风动山。这些山、岭、沟、壑，争相把自己"手脚"伸进湖里，构成了辽阔、曲折、深邃的美景。

湖的一面与海水之间也只相隔里许宽的沙洲，洲上飘拂着柔如马尾的木麻黄林带，但海水从不浸入。湖的其余三面为山丘揽抱，湖岸依山曲折，多角多边形状，整个湖面犹如一个巨大的海星，伸出条条触手直探岩壁。面面坡上都可见到体态方圆不等、色泽浓淡不一的累累巨石，自上而下、错落有致。有的合抱于山腰，有的推拒于水边，也有的奋然致入湖心，聚成筒状、蘑菇状、橘瓣状的礁屿，成了水鸟栖息之所。清乾隆时曾在湖岛上建过龙王宫。岛上怪石峥嵘、青

藤络翠，上刻有"神龙"二字。传说古时有一条神龙飞经此处，痛饮甘泉，乐不思归，干脆当起龙王来了。就在这三十六胶湖畔，有不少居民的家属至今还在台湾，据说那里也有以"北厝"命名的街道。当凄声如润如诉之时，或圆月当空之夜，北厝街上想北厝，谅必会深深怀恋此间的一草一木吧！

胶湖管理处的工作人员介绍说，三十六胶湖与杭州西湖、北京昆明湖不同，完全是岛上的山泉汇集而成。全湖面积达1.6平方千米，水深11米～16米。岛上山泉清澈，水源充足，由于平潭岛恰居福建海中部，扼守着台湾海峡北口，传说当年鉴真和尚东渡、三宝太监出洋，都曾在这儿停船装水，所以三十六胶湖又有"龙潭"的美称。胶湖心的两个小岛，大点的是龙头，小点的是龙尾。龙头岛上奇石堆垒，四周清泉喷涌；龙尾岛上，白沙出水，终年绿荆覆盖。这龙头、龙尾可是三十六胶湖上的一绝。龙头岛龙头"脚下"，两尊巨石拔地而起，恰似龙角，故称龙角岩，与龙角岩紧挨的是酷似龙头的

是龙头岩。由于自然风化，龙头岩上有两块明显的凹陷，犹如昂首巨龙睁圆了两只眼睛，使人一下子感到这只静卧在湖心的苍龙，正鼓起勇气，潜身翘尾，随时准备腾飞。在朝曦暮霭之中，龙头岛常有云遮雾罩，在雾中看龙头，愈显得雄伟、生动，别有一番风韵。

从龙头岛走下来，乘船一直向东，只见风动山顶一块巨石挺立在山巅悬崖之上。这块风动石，足有五六米高，刮大风时，石头还微微晃动。据说，管理处5个小伙子曾试着用木杠撬了半天，5根碗口粗的木杠全断了，但这风动石纹丝未动，大自然的鬼斧神工真是妙不可言。站在风动石上，只见四周湖光山色，千姿百态，十分动人。在正西的大龟山的山腰上，一只石龟昂首向上，仿佛在艰难地向山顶爬去，爬行的时间也许有几万年了，虽还未到山顶，它却毫不灰心，仍向山顶爬去。大龟山下的小龟山，则像一只刚爬出水面的乌龟，高昂的头，宽大的背，四肢却还在湖水里，惟妙惟肖，形象逼真。

过去，三十六脚湖缺乏管理，许多人在湖山上随意采石、淘沙，破坏了不少风景点，湖面也荒芜着，水草长了一层又一层。1958年，在平潭县政府领导下，成立了三十六脚湖管理处，保护山石，开发水面，先后在湖中放养了300万尾鲤、鲢、青、草等主要淡水鱼苗，还修建了供水站、引水渠。现在，岛上渔港码头、城镇居民、工厂企业的用水全由三十六脚湖供水站供给。特别是党中央、国务院和全国人大常委会发表《告台湾同胞书》等，来岛停靠的台湾渔船成倍增加。船上的台湾同胞上岛，总是要到三十六脚湖看一看，临走还要装上一瓶水，说要带回台湾，让台湾父老喝口大陆的水。

鲤鱼

3.岚岛三绝

据平潭岛上居民介绍，岚岛有三绝：沙、石、风。

平潭岛有40平方千米的沙滩、沙丘，其中最有经济价值的要算竹屿沙区。它长约15千米，宽约1千米，呈狭长带形，海沙厚度为18米～25米。由于天长日久的风洗浪淘，使这大片海沙成为全国统一标定水泥质量的基准材料。据统计，这里的海沙，能提取标准砂200万吨，可供全国5000多家水泥厂使用200多年。

平潭岛上曾有"狂风过处黄沙起，一夜沙埋十八村"的事。如今，平潭人积极开发沙滩、沙丘资源，变沙为宝。这里有国内首屈一指的标准砂厂，职工对海沙严格筛选、加工，使之成为我国许多工业门类不可缺少的标准砂。国家标准总局规定"全国水泥强度的标准检验，必须统一使用这种标准砂"。30多个省、市、自治区所有建材单位和大小水泥厂，确定生产的各种水泥型号，按国家规定均需采用平潭出产的标准砂。标准砂厂为全国各地化工、石油、制药、机械、军工等行业提供大批过滤砂、玻璃砂、压裂砂、模型砂。

这里几乎终日刮风，8级以上的大风天一般可达80天～110天。因此平潭也是有名的"风库"，风是用之不竭的能源。现在，在这个岛的风力要冲地段，已建起了5座风力发电站。其中一座装机容量为150千瓦，已运转发电1480小时；另一座装机容量为55千瓦，已发电1100小时。

在岛上采石声终年不断，自然是由于石头多，但石头多并非岚岛特点，岚岛山石之奇，在于"观者可以悟陵谷变迁之迹"。数千万年以前，这里还是海底。大约5000万年前，才成为岛屿，以后泥沙堆积，沧海桑田，片块相连，逐渐形成现在的模样。岛北海拔400余米的君山顶岩石上曾有一牡蛎结成的"大牡蛎房"，便是佐证。被海水冲蚀而成的石景比比皆是：两石如帆，并峙海中，迎风斗浪，名"斗洋石帆"；重达数吨，迎风摇晃而千年不坠，名"风动石""指动石"；矗立如巅，如同一面大青铜镜的"明镜石"与亭亭玉立海边的

"美人礁"遥遥相对，又构成"美女照镜"的胜景。如果你登攀至君山二三百米高处，还可以看到山间成百上千的黑色巨石，在轻纱般的雾气中若隐若现，森森然如城堡，翘翘者如战马，高锯兀立者如将帅振臂高呼，蜂拥交叠者如士卒争相拼杀，形成一组鬼斧神工的雕塑群像。

然而，岚岛的奇山怪石何止是供人观赏，它也正在为现代化建设添砖加瓦。采石声也不似过去零落单调，它山山交响，成了歌颂繁荣兴旺的乐章。这恐怕是身在台湾的岚岛人所难以想象的。正是用一钎一凿采下来的石条、石方，建起了一排排富有特色的青石楼房。当年尘土飞扬、百业凋零的街道，如今商店、医院、工厂鳞次栉比。用就地取材的石方，建起了现代化的大型导航台，由此发出的定向电波昼夜不断，供来往台湾海峡的中外船舶定位指向。竹屿口围堵工程早于1962年竣工，宽阔的拦海石堤长达1190米，堤内增加土地面积9.34平方千米。堤外船只如梭，贸易兴旺。居民采石建新的楼房，更是村村皆是。

二、东山岛

东山岛，它有194平方千米的面积，141千米的海岸线。据说，数万年前这里是一片汪洋，后来地壳变动，从海里托起了礁石土丘——岛屿形成了。因为形状像只蝴蝶，所以人们称它蝶岛，正式的名字叫东山岛，是福建省的第二大岛。1985年2月，中央批准东山县为沿海经济开发区之一。这里距香港389千米，距台湾高雄204千米，距澎湖181千米，水上航线与东南亚各国相通。在中国面向世界的今天，得天独厚的地理位置使东山岛成为天之骄子、海上明珠。

自古天堑，已变通途，一道坦坦荡荡的长堤扼住大海的咽喉，把东山岛与大陆连为一体，将孤岛变为半岛，驱车而过，只在须臾之间。

1.木麻黄

这里，到处都生长着木麻黄，到处都生长着相思树，到处都有与台风和飞沙抗争的生命，到处都有与海峡那边梦绕魂牵的思念。

昔日的东山岛，400多座山头，全都是光秃秃的，20多平方千

东山岛古城

米的沙滩，全部是赤裸裸的。每当刮起大风，飞沙弥漫，仿佛将撒哈拉大沙漠刮到这里来了，天和地一片混浊。据当地旧县志记载，近百年来，被飞沙淹没了13个村庄，千余座民房，13.33平方千米农田……终于，在20世纪50年代中期，人们在沙滩上栽活了几株木麻黄，它们以顽强的生命力展示了征服风沙的本领。于是，一条条绿色的林带出现了，一片片绿色的林海出现了，肆虐的风沙终于匍匐在木麻黄的脚下。今日东山岛，已经被人们誉为"东海绿洲"了。

在赤山林场，木麻黄像白杨树一样挺立着，它没有肥厚阔绰的叶片，不会遮拦本应属于小草的阳光，不会借着风力把自己摆得哗哗作响。它的针叶像须发一样蓬蓬松松，比马尾松更像马尾，好像是为了挑破那些鼓鼓囊囊的风而存在。其纵向的主根扎得并不很深，似乎于这块古老的土地并没有太多的希求。它把横向的根须向四周伸展，紧紧地抓住那些松散的、飘忽不定的、流离失所的、随风飞扬的沙砾，把它们凝聚成一个整体。狂怒的风刮不倒它，流动的沙埋不住它，咸涩的海腥味腐蚀不了它。它就像是东山岛的脊梁！它就是东山人的形象！

据说，在海峡那边，在澎湖列岛和台湾岛的沙滩上，也生长着这种木麻黄。就像台风卷走飞沙一样，东山岛人也曾大量漂洋过海，遍布东南亚各国。东山岛与台湾岛一衣带水，两岛同宗共祖，源远流长。当年郑成功率战船进发台湾，无数东山儿郎随同前往。在城关镇关帝庙的石碑上，也记载着台湾各界人士捐资修建武庙的名字和金额。1950年初，国民党从大陆败退时，数千名男丁被席卷到了台湾，其中绝大多数在那边成家立业，像木麻黄一样顽强地扎下了根，而留给东山岛的，则是相思树下望眼欲穿的思念。

如今，东山岛上建立了台湾同胞接待站。澎湖列岛和台湾岛的渔民常常来此避风或是做生意。不少东山籍的华人华侨也偷偷来岛上观光。他们欣喜地看到，东山岛变绿了，变美了……

2.风动石

东山岛上有奇石，名曰"风动石"，有"天下第一奇石"之称。从城关东门外海滨，经过戚继光抗倭的古城墙，往左登钓鳌台，复行数十步，"奇石"便突兀立于面前。这块巨石立于海边的危崖上，以其奇、险、大而令世人称绝。它3米多高，1米多宽，上尖底圆，状如仙桃，在石盘的边缘，着地处仅方寸而已，外侧尚在石盘之外，凌空欲飞，极似小儿信手将一玩物于桌上滚动，滚至极限，将落未落，却又岿然不动。令人欲伸手扶持！扶是不必扶的，它金鸡独立，稳如泰山久矣。纵使落坠，也是无法扶的，重达200吨的巨石，如滚落下来，别说一只凡人的手臂，便是千军万马，也难以抵挡。问及它的历史，悠久得已无人知晓它"出生"的准确年代。有当地人说早在新石器时代此岛便有我们的先人居住，想必他们在茹毛饮血、刀耕火种之余就反复观赏这天然奇景了。

伫立石旁，伸手摩挲着这"蝶岛"奇珠，猜不透它的年龄，探不清它的秘密。它像一位缄默的历史老人，在此闭目闲坐了千千万万年。也许它是天外飞来的一块陨石，不偏不倚地落在这块风水宝地，安家落户不走了；也许是远古时代的艺术家忽然产生了创作冲动，喊着"杭育杭育"的号子，为遥远的后代子孙留下这纪念碑式的雕塑。纵是现代的建筑师、数学家也是无法计算这大自然的鬼斧神工的，只能望石兴叹！

巨石虽重，然风可以动之。据说每当海上风起，它便作"摇摇欲坠"状，风息之后，复归静止。人仰卧于石下，以足蹬之，亦可动。"风动石"，已经颤动了千百年，但无论海啸地震，它始终不倾不倒，永远眷恋着脚下的大地，当年侵华日寇欲毁此石，曾用两艘战舰系上铁索，费了九牛二虎之力，却也未能将它移动寸分。这使人不禁产生一种崇高的敬意：壮哉"风动石"，吾风可动，吾人可动，而不为寇动，凛凛然大节，中华民族一山一石皆有此无上尊严！

出奇石处，更有奇人。"风动石"边，长眠着民族英雄黄道周的英灵，黄道周的名字赫然刻于石上。这位明代著名理学家、书法家、民族英雄的出生地就在奇石附近。传说公元1585年黄道周诞生前夕，其母梦见"风动石"离开石崖坠入怀中，梦后，黄道周呱呱坠

东山岛海岸沙滩

地，仿佛奇石的精灵化作了东山奇男儿。是年，石旁生出一株荔枝树。10年后，黄道周进学，此树硕果累累，果实白如雪、甘似蜜，且有一股翰墨清香，故获"翰墨香"之名，列为闽中佳品之一。天启二年，黄道周得中进士，跨入仕途，他为官清正，敢诤敢谏，忧国忧民，终遭放逐；崇祯十七年，北京陷落，黄道周以花甲之年，自请行动，出关抗清，因寡不敌众，兵败被俘，经威胁利诱，英勇不屈，明朝隆武二年（1646）三月五日，慷慨就义于南京东华门外。噩耗传来，大海为之呜咽，东山为之悲摧，飓风呼啸，惊涛裂岸，"风动石"战栗摇动，石旁荔枝树亦随之焦枯而死！

弹指数百年过去，"风动石"仍然屹立石崖，黄道周的英名与"风动石"同在。今天，"风动石"已成为东山岛的标志，黄道周已被奉为东山人的先哲。

3.关帝庙

在东山岛城关镇上，偶尔一瞥敞门当街的堂屋，正中墙壁上供奉的都是气宇轩昂的美髯公关云长。

莫非该岛的居民都是关氏后裔?

东山人在外一律自报家门姓"关"。岛上有一座关帝庙，庙门上有一对联："山岛雾收舒正气，海门日出照精忠。"正气和精忠，关云长都有。咸丰皇帝御笔亲书"万世人极"，高悬于厅堂正中。难怪东山百姓把关云长奉若圣明了。这座有500多年历史的古庙，依山而筑，石柱擎天，飞檐斗拱，木雕石刻。庙门有两柱直立，四柱倾斜，台风地震，历百年而不倒。真是人也精忠，石柱也精忠。还有一根雕了金龙的挡门棍横于石门当中，也是尽着"精忠"，游人香客只能由侧门入内。

有趣的是宫前湾那座妈祖庙。美丽贤淑以孝顺著称的渔家女"妈姐"林默娘，"晋升"当"天妃"（或称"天后"）。据记载，康熙皇

帝玄烨的确有此一封，还为宫前湾的天后宫亲笔题了匾额。那是因为清代康熙二十二年，300艘战舰载2万名明兵亮甲的水师，从这儿誓师拉开战阵，扬帆远出大海。东山岛东去台湾百多海里，舰队此行一举统一了台湾。当时的舰队统帅施琅曾向康熙皇帝奏报，舰队出师时向林默娘祷告。林默娘神助了这一次海上进军的胜利。怪不得整个儿东南沿海至东南亚汉文化圈所及，渔民和沿海居民都相当虔诚地信奉妈祖林默娘!

在东山岛，还有一座高不足1米、广不足3米的小小的白色的庙宇，以经年不断的香火拥着一个厚重的陶缸。缸里盛着的，是根根无主骨殖。香不多，细细的，三两根。庙宇俭约平朴，无飞檐、无神座，无问卦求的香案，只在一片喧闹的涛声中，缭绕着一丝青烟，慰藉着享受祭奠的主人——灰白色的泛着海的青光的无主骨殖。

"公碉"，庙楣上这样定着。这是一个康熙字典上都没有的字，书它的人也许想说瓮，却苦于写不出。然而他正确无误地标上了

东山岛古树

"公"。公，在一个偏远岭寂的小岛，在一群纯朴宽厚的渔民手中，还原了它博大的内涵。不用权势，不要补报，生前未受恩义，身后不求还报，这儿是公碉，所有颠沛流离于万顷波涛中的孤魂，都能实实在在地安放在这厚重的陶缶里，得到同为人类的庇护。

4.铜山古城

在东山岛，还耸立着这样一座英武的历史古城。

花岩石砌成的古城，屹立海岸，蜿蜒如盘；一览海天的双顶亭，神气凛然。登临古城，抚石细览，使人感觉仿佛打开了一轴悠悠的历史长卷……

铜山古城，建于明朝洪武二十年间。当时明太祖朱元璋为防倭寇骚扰，派了江夏侯周德兴巡视东南沿海，筑城建寨。史载：周德兴那一年亲临东山岛，选择要地，征调民工，临海砌石，环山建城，建置了水寨，并从依傍的铜钵、东山两个村名中各取一字，合为"铜山"城。一时，它与福宁的烽火、连江的水亭、兴化的南日、泉州的梧屿，连成全闽捍疆的五大水寨。

明朝嘉靖二十五年，戚继光率领义乌兵进闽剿倭，在这里设立浙兵营，亲自指挥宫前湾一役。崇

风光如画的东山岛上风光

祯七年，荷兰侵略者第二次来侵犯东山岛，巡按使路振飞、大帅徐一鸣在铜山海面连续两战荷兰帝国的东印舰队。据说，为纪念戚继光平倭功绩，铜山人民还保留有仿制戚家军行军干粮式样的饼——"继光饼"的风俗，每年立春以后上市。到了隆武二年，郑成功兴师抗清，铜山古城便是根据地之一。他在这里造船练兵，筹粮募饷，发展抗清义军，一直坚持了18年。后来，东征收复台湾后，郑成功还以铜山城为抗清前哨，派郑经驻守。拾级而上，登台远眺，仿佛还望得见舳舻麋集的郑成功东进台湾的征帆。古往今来，千秋兴亡，屹立于世的中华民族，涌现出多少杰出的英雄人物！此古城可为一历史见证。

5.处女湾

东山岛的海湾多而美，而且美得一个比一个出奇。

有人喜欢马銮湾的清澈悠扬。五里长沙，湾湾一抹，风纹细细，阳光映着海水也微微发蓝。太阳伞下席地听潮，风流浪里戏水逐涛，浩浩大海是那般纯洁无邪，轻柔宽舒。

有人欣赏澳角湾的沉郁肃穆。大海的层层排浪，拥着一道又一道涛白勾出的俏丽弧线，长长地掩过来，缓缓地退下去，日复一日，月复一月，年复一年，好不容易漱出了几百米一线沙滩，在渔村和大海之间镶起一道多情的花边。有人说它像一曲深沉的渔歌，谁知道？有人说坐在这儿不用挪窝儿，就能挖出一堆五颜六色的贝壳，谁知道？

也有人更迷恋东沈湾的妩媚和明丽。十里平沙，婉婉转转、淡淡定定，阳光下像一幅硕大无比的银色织锦，徜徉在那上边，真有如漂游在一片流云里一般……

从铜陵镇南端的南门、南屿沙滩起，迤逦而北依次是马銮湾、后港湾、乌礁湾，每一处湾头都有一拱俊美的沙滩，直到宫前湾的沙滩，首尾相接几十千米，一色是50米～100米宽，有淡水取用，有林带依托的滨海沙滩。而且天造地设，每一处沙质都是白白细细，海水澄澄澈澈，开阔、壮美，几乎处处可以开辟海滨浴场，处处可以兴建旅游度假村的疗养别墅群。

几处湾头的沙滩，一处赛过

一处俏丽。南门、南屿沙滩沿岸水深涨潮时也只有二三米，退潮时只有1米上下，很有点儿"初级池"的味道。更兼沙滩外缘比较板实，跑摩托车也蛮适宜，有点儿"水陆两便"之乐。此外，滩地里就有淡水，可以在大叫"怪哉"之余尽情享受一下掏泉煮茗的闽南工夫茶之趣。

澳角湾里的龙、虎、狮、象四屿，酷似毕肖，形具神完，沙滩背靠着渔村。听说夜里渔船出海，沙滩上满是渔家妇女，各自擎着一炷敬神香，喃喃地向各自心目中最灵验的神虔诚祈求渔获丰收，人船安康。相比之下这一处沙滩多了一些渔家的生气，可也似乎多了一些神秘感。

马銮湾沙滩上已经有了一个海滨浴场的雏形，必不可少的相关设施大抵上已经从无到有并开始接待旅客。海岛边远，创业维艰，从中也可见东山岛人自强不息的坚忍。马銮湾沿岸涨潮时水深两米半，退潮时又只有半米多深。涨潮时可当"高级池"，退潮时又可钓鱼、摸螺，样样方便，划艇和划水就依

尊家技术水平高低来选择潮涨潮退了。这处海湾，东北面有一座"三枝尖"山为屏，南面着赤屿、头屿、二屿、三屿四座小岛为卫，近陆无大浪、无暗礁，海豚是这儿的镇港鱼，一物降一物，所以也不必担心鲨鱼为患。

最引人注目的是东山湾，它是富饶的海湾，也是一个待开发的"处女湾"。这个海湾肚大口小，东山铜陵镇和漳浦古雷头，处在湾口的两端，相距仅4000米。天晴时，彼此都能看到。湾口矗立着一座东门屿，它就像中流砥柱，抵挡着台湾海峡涌来的巨浪，起着缓冲的作用，因此，东山湾内风浪较小，底质、水温、酸碱度都很适宜。湾口又处于东海和南海交汇处，东海和南海的鱼类都可在湾内生长、繁殖。湾内没有污染，又有云霄的漳江淡水注入，水质肥沃，饵料丰富，因此成为多种鱼虾甲贝及藻类养殖的极好场所。

东山湾沿岸已经养殖了不少海珍品。被称为海产"八珍之冠"的鲍鱼人工育苗，在东山避风港"鲍鱼站"试验成功，并荣获全国科学

大会奖。随后培育出杂色鲍和皱纹盘鲍苗。现在，在铜陵镇西南角建成了我国最大的"鲍鱼养殖场"。东山湾口的塔屿附近，是一个紫菜生产区，采用水面浮动网帘养殖法生产的"东山紫菜饼"，早已畅销东南亚各国。这里还产有虾、蟹、银鱼、石斑鱼、沙丁鱼等几十种名品鱼，是一个"天然的大鱼巢"。

一个岛上有这么多的海湾。它们背贴背、肩依肩地偎傍着，有的平静，有的激荡。一个海湾里蹲踞着龙、虎、狮、象，"石龙"懒懒的徜徉，"石虎"似乎要扑向大洋，"石狮"的尾巴在水面上晃动，搅起一串串泡沫，好像就要游上岸，"石象"深深潜在水中；另一个海湾碧绿青翠，风掀起一层又一层的白浪，就像一个任性的少女，把自己缀满纱边的舞裙，随意地抛弃在鲜为人知的海边。

6.奇特的风情

东山岛有着奇特的民俗风情。你看，一群穿着花花绿绿的妇女走来了。她们戴着笠头，脸用布包得只露出眼睛、鼻子和嘴，衬衫又短又小，紧绷在身上，还露出肚脐眼

儿！可裤子呢，是又肥又大的免裆裤。当地人用四句话概括她们的装束特点："封建头、民主肚、节约衫、浪费裤。"据说这里曾有这样的风俗：女子在婚后三天必须回娘家住，直到怀了孕方可回丈夫家。否则不许回。因为不能在三天内让妻子怀孕，是丈夫的无能。此后，丈夫若想见老婆，只有在深夜偷偷赴会。如果在溜回家途中被人发现，便要投海或上吊，以表示无颜立足于世。

沿着一条临海石梯向下走便到了"虎崆滴玉"。这是一个敞开的石洞，凉爽而又清静。在峭壁之间有一细泉从石罅流出——是为"灵液"，一根芦苇接出了一滴滴的泉水。东山人回故乡时是非来此痛饮不可的。

哦，美丽的东山岛，谜一样的东山岛，这并非一句话就能说清的淳浓的民俗风情！

7.友情接待站

东山岛是台湾同胞经常光顾的地方。沿城关南门海堤向前走百米，便见一幢乳黄色三层楼房，院内假山喷泉，花儿朵朵。这里就是台胞接待

站。东山岛和台湾、澎湖一水相连，两地同胞同宗共祖，关系非常密切。如今，岛上有4000多家的亲人，被分隔在台湾海峡两边。逢年过节，东山岛人常常举着香火伫立在风动石旁，眼含着泪向着台湾方向眺望。年复一年，月复一月，风动石旁竟磨出了明显的洼陷！

据台湾渔民介绍，占台湾人口1/10还多的各地陈姓人家，有很多是"开漳圣王"陈元光的子孙。然而，他的祖父陈实，却是黄河下游河南省许昌县（今建安区）人。闽、台两地人都说："陈林半天下。"这是台湾同大陆血缘关系的典型例证。

东山、漳州一带有多处摩崖石刻，这些石刻是比4000多年前的金文、甲骨文更为古老的"图像文字"，它展现了原始社会母系氏族公社的部落生活。有趣的是，这些"图像文字"中，有类似今日台湾高山族古时风俗——"出草"和"割青"的记录。"出草"就是猎取敌人头颅高悬祭神，众人围绕狂舞，以示勇武；"割青"就是从颊至口的脸部纹饰，是一种美的象征。这些"图像文字"可与多年来海峡两岸的出土文物相印证，证明台湾高山族正如古代的吴族和越族一样，是中国东南大陆上同时存在的几个古代民族

东山岛的奇特风情

之一。海峡两岸5000多年前就是一家，两岸的东山人，心相通、语共音。这里已成为两岸同胞追溯同宗共祖关系、畅叙手足情谊的场所。

北望古城关九仙山上，有郑成功的水操台；南望宫前湾，施琅率大军从这里出发去收复台湾……地处南天一隅的东山岛上，刻写了多少海峡两岸文化、艺术和宗教源流关系的史迹。

8.天然摄影棚

有一位作家在一篇散文里称东山岛为"天然摄影棚"。说的是，岛上突兀的礁石，砰轰的激撞，飞溅的浪花，无怪乎影视界名流纷至沓来，从《盘石湾》开始，接着《海之恋》《珊瑚岛上的死光》，至今已有20多部影视片的外景取自这里。

这里是东海的边沿，往南就是南海。越过近海，眺望远处的海面，天上有云，灰白中透着灰蓝，海里有浪，灰蓝上顶着灰白；天穹上闪着金辉，海面上泛着银光。海，仰望着天；天，俯瞰着海。云穹海里浮，浪在天上飘，天和海仿

远望马祖列岛

佛连成了一体。

如此美丽的"天然摄影棚"，人们是拍摄不够的。然而，东山人并不闭岛自守。他们已经敞开了大门，奋力建设美丽的海湾、开发富饶的硅砂……要使整个"蝶岛"在东海翩翩起舞。

三、马祖列岛

马祖列岛地属福建省连江县，位于闽江口外，距大陆海岸只有数千米之遥，由高登、北竿、南竿、东犬、西犬等岛屿组成。它们犬牙交错地遍布在海上，与大陆一衣带水，隔海相望。列岛面积共27平方千米，迤逦绵亘，海域110多千米，小岛上绿树掩映，一片苍苍郁郁，生机盎然。

马祖列岛具有优美的天然景色，阳光灿烂，海水湛蓝。由于造山运动的剧烈，马祖列岛外缘的褶曲构造特别明显，在景观上表现为山势巍峨、悬崖壁立，遍地奇石怪岩，造型千姿百态，十分生动。山峰云雾缥缈，四周碧海惊波，天空沙鸥翱翔，渔帆点点，波光粼粼，不愧为一座名副其实的海上公园。

马祖列岛的主岛南竿港里，渔船处处，桅樯林立，岸上山间民房鳞次栉比，四周绿林重重，一片生气。岛上有诸多风景如画的建筑，如昆明亭、怀古亭、逸仙楼、云台阁等，楼阁筑于翠绿之中，四周林木苍翠，花红似火，环境优美。

马祖列岛的人文景观很多，其中"燕秀潮音"有二处：一处在北竿狮岭，一处在南竿仙洞。前者冈阜好像一头狮子，登冈远望，整个台湾海峡的风云变幻尽收眼底，且多崖石，每当海潮涨起时，拍岸冲石，响声轰然；而后者仙洞深不可测，飞浪激岩，回响不绝。

"福澳渔火"一景，颇为迷人。它位于南竿岛的东岸，海天无际，烟波浩渺。每当夕阳斜辉，渔舟晚归，静泊港池，浩浩荡荡，十分壮观。尤其是夜幕降临时，渔火四起，闪烁不定，形同流萤相扑，布满海面，景色最为动人。

在近几百年里，马祖列岛在我国的民族英雄抗倭战役中发挥着重要作用。明代的剿倭名将戚继光，曾派军驻马祖列岛，建烽火台，监视海面，倭患遂绝。明末的郑成功，为了抗清，也曾选拔过50名精壮校尉驻防在马祖列岛。今日东犬岛上还有一块碑石，记载着明代剿倭的事迹。别看马祖列岛这么小，它却为保卫祖国海防立下汗马功劳！

四、金门岛

金门岛位于厦门市同安区的东南海面上，东望台湾，西对厦门，明代曾筑城墙于岛上，据说当年郑成功曾起兵于此。

金门原是个荒芜的土石小岛，后经过开发，如今林荫道上树木蔽日，交通公路网四通八达。

金门岛上最著名的古迹，就是鲁王圹，它距今已有300多年的历史了。通过1959年夏季对金门岛古迹的考证，发掘了鲁王的真圹，在出土的圹志里，说明鲁王卒年为康熙元年，即公元1662年，患哮疾，中痰而死。文武百官遂将其葬于金门东门外的青山上。

后来鲁王忠骸迁葬重建新墓，墓背山面海，前立牌坊，中建碑亭，庄严肃穆，树木茂密。如今成为金门岛的一大历史观光胜地。其

附近的古岗湖，湖边有古岗楼，山腰有古岗亭，朱梁碧瓦，无不古色盎然。

五、厦门岛

厦门岛上有许多白鹭栖息，海岛又形似一只美丽的白鹭，荡漾在闽南的碧波之上，于是厦门岛就有了鹭岛、鹭门等名称。又因为这海岛之上"山无高下皆流水，树不秋冬尽放花"，万年无飞雪，四季花常开，所以被称为海上花园。

厦门位于闽南九龙江口的厦门岛上，以前是海岛，后来修建集美海堤和杏林海堤后，乃与大陆相连，成为一个半岛。厦门市是祖国东南沿海的花园城市。现在火车、汽车、海轮、飞机均可直抵厦门市内，交通十分方便。

自古以来，厦门就是我国东南沿海的海防要地，原属同安县。元、明时期为防倭寇侵扰，在此设立防哨。明洪武二十七年（1394）在岛上筑城，名为厦门城，意取"大厦之门"，以显其战略地位之重要。清代设厦门厅，1933年设厦门市。

厦门港是我国东南沿海的重要港口之一，可泊万吨级船只。厦门附近鱼类资源丰富，盛产带鱼、鲳鱼、鲨鱼、墨鱼、海参、对虾、蛏子等，物产丰富。尤其是厦门文昌鱼，驰名中外，是著名的美味佳肴。

厦门是典型的亚热带海洋性气候，冬无严寒，夏无酷暑，全年温差小，气候十分宜人。

厦门一带以花岗岩为主要岩石，故山体多呈浑圆形，山上多怪石奇岩，坡上多花草林木，降水丰沛，山中多流泉飞瀑，依山濒海，山海之景兼有。厦门风景绮丽，名胜古迹数不胜数，其中最具特色的海滨风光点要数南普陀寺、万石植物园、胡里山炮台、厦门古城遗址、厦门大学等。

南普陀寺在厦门大学旁边，寺中供奉观世音菩萨，与浙江普陀山共奉一佛，因其位置在南方，故称南普陀寺。

南普陀寺始建于唐朝，后几经沧桑易名，现存为清代康熙年间重建。寺庙背依五老峰，面濒大海，具山海之景，风水极佳。

万石植物园因位于万石岩一带而得名。这里最早为名胜风景游览区，附近有著名的厦门八大景之一"虎溪夜月"和小八景的"朝天笏""中岩玉笏""太平石笑"等。20世纪50年代这里修建了一个库容15万立方米的万石岩水库；20世纪60年代初，被辟为植物园，建有标本大楼、花展馆、茶室、仙人球培养场、萌生植物棚，拥有热带、亚热带的花草树木，各种植物4000多种。"松杉园"为园中之园，长年林木葱郁。园内山水秀美，一年四季，鸟语花香，流水潺潺，令人流连忘返。

在万石植物园内狮山北坡的最上方，有太平岩。太平岩前洞泉隐伏，流水淙淙。更奇特的是在极乐

厦门大屿岛风光

天摩崖石刻下，有厦门小八景之一的"太平石笑"。此石由四块不同的天然岩石相叠而成，上面两块巨石相互贴合，另一端张开，宛若开口在笑，生动形象。石上题有"石笑"二字。

白鹿洞位于厦门东北玉屏山南，虎溪岩背后。有六合洞，朝天洞、宛在洞等洞景，原有三宝殿和僧舍，相传朱熹在庐山白鹿洞书院讲学时，曾来过此地，后人为了纪念他，就在此起名"白鹿洞"。洞内有白鹿泥塑一尊，因常有烟雾缭缭涌出，所以有"白鹿含烟"之称，为厦门小八景之一。

胡里山炮台是厦门甚为著名的历史遗物，位于厦门东南的胡里海滨。这里地势高峻险要，面临大海，视野开阔，与隔海屿仔尾互为犄角，可控制厦门港口，历来为海防要塞。清光绪十七年（1891），福建水师在此筹建炮台，1896年竣工。炮台内至今尚保存一尊德国克虏伯兵工厂造的大炮，附近墙堡、雉、堞兵舍都保存完好，是一处比较完整的历史遗迹。

六、鼓浪屿

1. 鼓浪洞天

鼓浪屿坐落在厦门市的西南海面上，属厦门市管辖，距离厦门市区有七八百米。岛长1800米，宽约1000米，总面积为1.71平方千米。地处亚热带，属亚热带季风气候。年平均气温20℃，最冷的2月平均12℃，最热的7月平均28℃。冬季温差不大，如以气温划分四季，则无冬季。岛呈椭圆形，濒海处多沙坡，因而旧名圆沙洲，又称圆洲仔。

在鼓浪屿龙头山的半山腰，有一座莲花庵，明万历及清乾隆年间均重建过。庵中有一对楹联："浪击龙宫鼓，风敲梵刹钟"与鼓浪屿得名有关，署款镇海将军的作者，

厦门鼓浪屿风光

大概就是根据鼓浪屿的传说写成的吧？莲花庵旁巨石壁立，明万历年间丁一中题"鼓浪洞天"四字，赞美鼓浪屿好比仙山一样美好，"鼓浪洞天"被列为厦门八大景之一。

据史书记载，在宋朝以前，鼓浪屿是个水草茂盛、海鸟栖息的荒岛。之后，附近沿海的渔民才在岛上暂避风浪。直到元末明初，鼓浪屿对面蒿屿的李氏家族移居于此，建立了一个半渔半耕的村落，称"李厝沃"。后因"李"与"里"同音，"里"与"内"同义，辗转变化，形成今日岛上的"内厝沃"。

鼓浪屿的历史是漫长、曲折而复杂的。早在300多年前的明末清初，民族英雄郑成功就在鼓浪屿建立抗清和收复台湾的根据地。在1840年的鸦片战争中，英国侵略军占领过鼓浪屿。鸦片战争后，厦门被辟为五个通商口岸之一，帝国主义列强都企图独霸厦门、独占鼓浪屿。1901年，美国驻厦门领事巴詹声在"门户开放"政策的指导下，

美丽的鼓浪屿

提出把鼓浪屿开辟为"万国公地"的无理要求。次年，腐败的清政府地方官员与各国领事在鼓浪屿签订了《厦门鼓浪屿公共地界章程》16条。随后，由领事团组成的洋人政府——"工部局"和"公审会堂"，进行殖民统治。小小的鼓浪屿，曾先后建有英、美、日等14个国家的领事馆。洋人们侵占了岛上风景最优美的山头和海滨，盖馆舍、办洋行、设教堂、辟球场。甚至在球场门口挂着"华人与狗不准入内"的牌子，肆意凌辱中国人民。

鼓浪屿沦为"万国公地"后，引起许多爱国人士的不满，他们多次组织人民群众罢港、罢工、罢市、罢课，进行示威游行，高呼"维护国体""收回鼓浪屿"等口号。20世纪30年代初，陶铸同志领导的震惊中外的厦门大劫狱，事前曾在鼓浪屿山头上召开秘密会议进行研究。

1949年10月17日，沦为"公共地界"达47年之久的鼓浪屿解放了！从此，这座美丽的小岛，真正成为劳动人民的乐园。当年帝国主义列强在这个弹丸之地划租界、盖领事馆，炫耀着欧美建筑风格的洋房别墅，至今仍然一栋栋散落在花丛绿荫里……

鼓浪屿居民多为侨属，也有不少人是台湾籍同胞。岛上文化发达，学校连群。岛上的人民尤爱音乐，钢琴、小提琴很多，人行街区，琴声不绝，余音绕梁，素有"音乐之岛"之称。据统计，全岛有钢琴300架。近年来，每年春夏两季分别举行"孤岛音乐会"，颇有特色。新中国成立后，该岛源源不断地向中央音乐学院和音乐团体输送音乐人才。我国著名钢琴家殷承宗就是鼓浪屿人。现在，鼓浪屿用一座造型恰似平台钢琴的码头建筑，迎接游人上岸。那"平台钢琴"琴盖掀开，而鼓浪屿就像一位钢琴诗人，在弹奏春光融融的乐曲。独具一格的码头建筑和鼓浪屿

鼓浪屿日光寺

特有的气氛十分融洽。在这个岛上，听不到车马喧嚣，却时闻琴声悠扬，鼓浪屿又被誉为"琴岛"。郭沫若同志在《登日光岩》诗中，赞美她为"音乐名区联蜃市"。

鼓浪屿用音乐，也用绿叶和鲜花，迎接人们的到来。依山而筑的柏油小道洁净如洗，小道两旁绿树飘拂，青枝绿叶垂翳着一幢幢大小楼房。墙头上藤蔓攀缘，深巷里花影绰约，时有"春来春去不相关"的南国花木，从宁静的院落里探身出墙，轻漾着逗人的笑意。整个岛上绿得像块碧玉。参天的木麻黄，苍郁的大榕树，亭亭玉立的椰子树，婀娜多姿的相思树，或屹立海滨，或伞遮庭院，或依偎于墙角，与楼台建筑互相掩映，美不胜收。至于鼓浪屿的花卉品种，更是无法说出准确的数字来。不用说，公园、花圃、宾馆里的鲜花和盆景，是何等地繁多和艳丽，连一般住家的房子里，也都摆着兰花、玫瑰花、菊花、水仙花、万年青及各种各样的仙人球。人们在街上漫步，时时会闻到楼房庭院里散发出来的阵阵幽香。

鼓浪屿冈峦起伏，道路多坡，海岸曲折，是体育锻炼的天然场所。岛上的人珍惜这个优越的自然环境。清晨，人们从屋里走出来，到山冈、到海滨，长跑、击剑、打太极拳、打羽毛球，或对着山岳和大海引吭高歌……人们都说，住在鼓浪屿的人健康长寿，这话有一定的道理。鼓浪屿人锻炼成风，为国家培养了许多优秀的运动员。据说，鼓浪屿大小足球队就有20多个，被称为"足球之岛"。现在的福建省足球队，几乎有一半队员是喝鼓浪屿水长大的。

游客来到鼓浪屿会惊奇地发现，这里的环境格外幽静，空气非常清新，无繁华闹市车马之喧，不但机动车行踪不见，连自行车都很难见到。这可是鼓浪屿的一大特点。能抛开紧张喧哗的生活，游一游这美丽的小岛，吸一吸带咸味的新鲜空气，是多么惬意的享受啊!

2. 日光岩

有人说，到了鼓浪屿一定要游日光岩，岛上最有特点的景点就是日光岩。游人纷至沓来的日光岩，就在龙头山的高处。龙头山，俗称

"岩仔山"，奇峰突起在鼓浪屿岛上，海拔92米，与厦门的虎头山隔海对峙，两座青山势如两虎相逢。日光岩山势险峻，岩峰怪异，满山林木遮天蔽日。山顶上有两块鹅蛋形的巨岩，一高一低。高的一块直立，低的一块横陈，状似两个驼峰相对隆起，故称"骆驼峰"。

一到龙头山下，山坡上一块特大岩石立即映入你的眼帘。岩石正面如壁，上方横刻"天风海涛"四个大字。"天风海涛"下面还有两行并列的大字，右为"鼓浪洞天"，距今已有400多年了，是迄今我们所能看到的日光岩上最早的石刻。左侧刻着"鹭江第一"四字，是清朝道光年间，一长乐人所写。两道题刻，大小相仿，字体近于一致，常使人误认为是出自一人之手。

日光岩如今新造拱门一道，如山之门户。进门后往右拐，即见莲花庵。庵以巨石为顶，俗名"一片瓦"，也有几百年的历史了。每天，朝阳刚从厦门五老峰上冉冉升起，莲花庵便沐浴在金色阳光下，因此，莲花庵又称日光寺。寺旁建有旭日亭。人们从莲花庵右后侧月洞门进去，可以读到一篇台湾人石国球所写的《旭亭记》。此文刻在路旁的石头上，文中描绘了日光岩"山罗海绕"，鹭江"水光接天""洪波浴日"的壮丽景色。

游人登日光岩，一般都顺着一条"石巷"起步。此巷系两石夹峙而成，石壁上刻"九夏生寒"四个潇洒大字。游人至此，置身于森然壁立的岩石下，顿觉几分寒意。"九夏生寒"旁边还有"鹭江龙窟"四字。出了"石巷"，迎面半山腰上出现一道石门，这是当年郑成功在山上屯兵时留下来的寨门。《厦门志》载："郑氏屯兵于此，上有旧寨遗址"。据考证，这是郑成功最早的屯兵营寨，曰"龙头山寨"。寨门两旁各有大石一块。步入寨门，可见石上凿有圆孔，大小如拳头，这是当时用以架梁搭屋的梁洞。我国著名教育家蔡元培先生的题诗，就刻在寨门右侧，诗云："叱咤天风镇海涛，指挥若定阵云高。虫沙猿鹤有时尽，正气觥觥不可淘。"

寨门右侧，是"宛在"亭。

亭下山坡，一石倚傍。据传，这是郑成功水操台遗址。巨石正面刻有"闽海雄风"四个大字，每字一米见方，笔力酣畅，气势雄浑。巨石右上书"郑延平水操台故址"。巨石周围至今还保留着当年架梁筑台时凿穴的圆、方小洞。"闽海雄风"石刻右下方，修有小亭，名曰"宛在"，寓有郑成功水操台宛在此地之意。在"闽海雄风"石刻左下方，有郑成功所作五绝诗一首："礼乐衣冠第，文章孔孟家。南山开寿域，东海酿流霞。"据说，这首诗是摹郑成功笔迹而刻的。底下还刻着"郑森私印"和"成功"两方印章。这种笔迹，在福建、台湾等地，流传甚广。

从水操台西行，过"远而亭"，就到了坐落在日光岩北麓的郑成功纪念馆。此馆是1962年2月为纪念郑成功收复台湾300周年建造的。全馆共设有7个陈列馆，简略介绍了郑成功的一生。展品中有郑成功的塑像、龙袍、玉带等遗物，当时的兵器、印章、银币、石刻、墓志及台湾地图、高山族画卷等。陈列大厅里郑成功的全身塑像特别引人注目：他身披战袍，手按佩剑，昂首迈步，英姿勃发，人们对此不禁肃然起敬。建馆之初，郭沫若同志亲临参观并题匾。董必武、谢觉哉、沈钧儒、胡厥文、齐燕铭等领导同志也都留下题词或对联。郭老的题词和诗作甚多，其中参观郑成功纪念馆后题诗："故垒想雄风，海风一望中。漳州军饷在，二字署成功。"蔡廷锴先生也写了《日光岩怀古》："心存只手补天工，八闽屯兵古今同。当年故垒依然在，日光岩下忆英雄。"

在日光岩，"闽海雄风"一带，上上下下题刻甚多。其中，明代大书法家、晋江人张瑞图的两块行草石刻是日光岩题刻中最富有书法艺术价值的。"宛在"亭对面，"脚力尽时山更好"七个大字，笔法俊逸潇洒，融篆隶笔意于行楷，自成一体，意在鼓励游人勉力登攀。这是清代著名书法家何绍基的作品。

从何氏题刻斜对面的石磴拾级而上，便见一块巨大的岩石，斜靠在另一块大磐石上，呈"人"字形，架起一个五丈方的天然石洞。

石洞两头相通，俗称"双空弄"。洞顶刻"古避暑洞"四字，为清末台湾四大诗人之一施士洁所书。洞内天风飒飒，扑面而来，遥闻涛声，澎湃如鼓。这大概就是"鼓浪洞天"的意境所在吧？在这"九夏生寒"的古避暑洞里品茶小憩，使游人体味到一种恬静闲适的情趣。

海浪拍打的海岸

3.金带水

且不提日光岩上登高望远，也不说菽庄探胜令人流连，更不念驾着游艇海上观光，单是沿着蜿蜒开阔的蓝色海湾，环岛一游，就有无穷的乐趣。

在观海台上，你可体会到大海的气魄是何等磅礴、雄浑和壮阔，大海的感情是多么丰富、强烈和深沉。早晨，大海温柔地迎接壮丽的日出；黄昏，大海宁静地反射着燃烧的晚霞。而在那美好的夜晚，你可以坐在舒适的靠背石椅上，看厦门港那边渔火与星光交织，大海和星光融为一体，银河流向远方，星星跳到海里洗澡。倘遇大潮时，长风鼓浪，波涛汹涌，如千万匹马奔腾呼啸而来。这是有名的"白马潮"，气势磅礴，使人顿生豪情，

心潮随之澎湃。

你可以沿着绿荫浓密的柏油小道，到复鼎山去，看看那海中的剑印石，看看那因其形状特点命名的种种礁石。鹿耳礁、燕尾礁、将军礁，无不惟妙惟肖，奇趣天成。当暴风雨袭来的时候，那赫然面对大海的将军礁，多么像一个身披铁甲的勇士，在迎击阵阵猛扑过来的恶浪，溅起冲天的浪花！而风和日丽之际，他却在"白鹭洲边拂钓丝"哩！

倘若在那柔软的金光闪烁的沙滩上，迎着湿润而略带咸味的海风，掬弄那奔上来又退下去、退下去又奔上来，给沙滩镶上银白花边的海水，寻找和追捕那小小的水母、海蟹，拾几枚彩色贝壳，

真会使人重新找回孩提时代的"童心"。至于"港仔后"海滨浴场，更是游泳爱好者的乐园。一到夏天，穿着五颜六色游泳衣裤的男男女女，大人小孩，在碧波中弄潮，在大海边戏水，在太阳伞下休息，躺在柔软的沙滩上玩着粉末一般的细沙，任阳光沐浴全身。拍水声和人们的喧哗混成一片，充满了生活的乐趣。

港仔后海滨浴场，也有人称它为"延平浴场"。那是为了纪念延平王郑成功而命名的。它横卧在雄伟壮丽的日光岩水操台上，傍依着艳丽多姿的菽庄花园。整个沙滩长约400米，宽几十米，沙净水清，坡度很缓。沙滩的底部，一条条花岗岩石块砌成的石阶、石凳，围成半弧形状。岸上，石板小路迂回曲折；后面，是一片绿茵茵的大草坪。在港仔后海滨浴场游泳，使人感到有种说不出的美感。

处处似公园，触目皆佳景，寻幽探奇，将会使人乐不思蜀。假若你能够乘上汽艇"环鼓"夜游，那将是人生一大乐事。在波光粼粼的海面上，月色中的鼓浪屿，犹如出水芙蓉，正像诗人所描绘的："月下的鼓浪屿，睡中的美人。"

七、湄洲岛

湄洲岛位于湄洲湾口，东隔台湾海峡，与澎湖列岛相呼应。岛上绿荫蔽日，景色迷人。尤其以天后宫，俗称妈祖庙而著名。

相传湄洲岛是海妃"天上圣母"的故乡。妈祖，原名林默娘，是宋代巡检林愿的第六个女儿。她心地善良，经常帮助渔民，救人性命，一生中救了许多渔船和渔民，故渔民感其恩德，尊其为"海神""神姑"。宋时封"圣妃""天妃"，各地立庙奉祀，明三保太监郑和七下西洋，回来后奏请，称"妈祖显圣海上"，并两次奉旨到湄洲岛主持御祭仪式。清朝靖海将军施琅进军台湾，也奏称"海上获神助"。

妈祖庙初建于宋雍熙四年（987），仅平屋数间，扩建于宋天圣年间，（1023～1032），规模日益壮大。现存庙宇，建有正殿偏殿五大座，雕梁画栋、金碧辉煌。每年农历三月廿三日，传为妈祖诞辰之时，民间盛况，如同过大节。东南亚、南北美、日本等海外善男信女，奉斋献香，朝拜不已。湄洲岛妈祖庙，是各地妈祖庙的祖庙，台湾北港天后宫的妈祖神像，也是由湄洲雕造好后再运去的。

作为中国的女海神，妈祖有着大海般的东方神秘性和强大的民族凝聚力。

妈祖庙后侧，有峰迭起，峭壁之上，书有"观澜"二字，苍劲有力。妈祖庙前临大海，岩岸受潮汐波浪长期侵蚀，已形成海蚀洞窗，潮起潮落，波长波消，回音不绝，宛若天乐，故称"湄屿潮音"，为莆田二十四景之一。远望外海，山海相连，山外有山，海外有海，苍茫之间，神秘莫测，宛若人间仙境。

第八章　广东省的岛屿

一、万山群岛

从广州出虎门，眼前便出现一座座岛屿，一直延续到珠江口外，如同万重山耸立海面，这就是万山群岛。万山群岛一般指东起九龙半岛南端与担杆岛的担杆头连线以西，西至崖门口西岸与大襟岛西岸连线以东；北至虎门，南到大襟岛南的三杯酒岛范围内的所有岛屿，共有大小岛屿300多个。主要岛屿有三灶岛、横琴岛、南水岛、淇澳岛等10个大岛及佳蓬列岛、担杆列岛、三门列岛、高栏列岛等岛群，以大濠岛为最大，面积约41.6平方千米。整个群岛分布密集。

万山群岛层峦叠嶂，如座座营盘雄踞虎门前沿，像艘艘巨舰驻泊于珠江口海面，成为华南的天然屏障和广州的重要门户。群岛间航道纵横交错，是广州、珠海、香港进港船舶的必经之地；而万山群岛恰扼出海航道的要冲，地势险要，又是祖国南部海疆的重要关口，因此，其国防、经济战略地位极为重要，被称为"万山要塞"。

广东沿海是多山丘的土地。万山群岛曾经属于广东大陆的一部分，是粤东莲花山脉经香港的西向延伸。在地质历史中，更新世晚期时万山群岛还是陆地上的一座座山峰，到了全新世中期，由于海面上升，淹没了山间谷地和低洼地区，才与大陆分开，形成了重重叠叠的座座岛屿。在地质构造上，组成万山群岛的地层主要是晚侏罗纪的燕山期花岗岩，少量的沉积岩、变质岩和火山岩。构造以断裂为主，发育有两组断裂，一组为北东向，另一组为北西向，但规模都不大。亦没有褶皱构造出现。万山群岛地势高差较大，岛上峰岭逶迤，海岸陡峭，峡湾比比皆是。群岛最高峰大濠岛的大屿山海拔935米。群岛200米以上的山峰较为普遍，形成万山群岛起伏的低山丘陵。东部岛屿以侵蚀为主，基岩裸露，坡度较大，植被稀少。西部岛屿属堆积地貌，植被茂密，地形较缓。各岛古海蚀阶地和海蚀蘑菇等景观随处可见。

万山群岛中的内伶仃岛、三洲岛和担杆岛等岛上，波罗蜜、椰子、荔枝、龙眼、香蕉长势很好，桃金娘、油甘子等果实长年不断，山上悬崖峭壁中还有岩洞、泉水，成群的猴子活动栖息，成了万山群岛中的猴子岛。生活在内伶仃岛上的是青猴，有五六群之多，而担杆岛上生活的是恒河猴，也称猕猴，有近千只。它们三五成群攀缘跳跃于千枝万杈之中，嬉戏追逐，采食各种果实，姿态十分惹人喜爱。林森叶茂的三灶岛，荫蔽潮湿，水果丰富，海湾、沼泽地带栖息着许多涉禽和游禽，呈现百鸟飞翔、群集海岛的景象，被称为万山群岛中候鸟南飞的"中旅站"。

二、南澳岛

1. 北回归线横贯的岛屿

从汕头港出海，向东航行，船过表角，从外海奔涌而来的大浪，遇到横亘的沙汕、暗礁，激起滔天波涌。转过海峡，船行平稳，便看见峙立潮州湾外的南澳岛。

南澳雄踞粤东海面，西南距汕头市区44千米，东北离台湾高雄296千米，素享"闽粤咽喉、潮汕屏障"和"粤东海上明珠"之美誉。

在汕头南澳岛，有一个北回归线标志点。北回归线横贯南澳岛东西主轴共19千米，这不仅在我国是罕见的，即使在世界上也不多见。

北回归线是一条环绕北纬23°26′的纬线，这是太阳能够垂直照射的最北纬线，也是热带和北温带的分界线。正因为横卧北回归线的缘故，南澳岛形成了独特的亚热带海洋性气候。这里冬暖夏凉，年平均气温21.5℃，年平均降雨量1340毫米。也正因为如此，岛上植被良好，生物资源极其丰富，除出产粮食外，还出产柑、橘、茶叶等。南澳地处台湾浅滩，沿岸流、

南澳岛礁石嶙峋

台湾海峡暖流和黑潮暖流等5股潮流在这里汇合，加上海区底质以泥沙为主，并有多处岩礁、珊瑚礁，为优质鱼虾的栖息、繁衍、生长、索饵洄游提供了十分优越的条件。据统计，南澳海区有软体头足类动物11科28种，虾类48种，蟹类20种，各种鱼类600余种，为海洋捕捞业的发展奠定了基础。最近几年来，南澳人民充分利用海区优越的自然条件，发展多品种的海水养殖业，面积已达1.67平方千米，初步形成一个以网箱养鱼为龙头，鱼、虾、贝、藻全面发展的新格局，并已取得了良好的经济效益和社会效益。

值得一提的是，南澳有岸线77千米，大小滩头60多处，青澳湾等处沙滩沙质松软，海水洁净，既有林荫可供休憩，又有溪水可为浴者冲凉，是一个十分理想的海水浴场，具有很大的开发价值。

2.深澳榴花红

南澳美名"榴花岛"，以石榴花为岛花，家家种石榴，户户可增收。每年4月至5月，全岛石榴花盛开。南澳岛的深澳一眼望去那一片郁郁葱葱的石榴林，盛开着一朵朵火焰似的石榴花，与青山、碧海交相辉映，煞是好看。

深澳石榴以果大、皮薄、清甜、核细而享誉海内外。它从品种上分，主要有甜、酸两种。甜石榴，又名"冰糖石榴"，成熟时果体每个重达半千克，皮呈金黄色，子洁白透明，如一颗颗晶莹的玉珠，液汁饱满，味甜似蜜。酸石榴，俗称"红皮石榴"，皮红，子也红，如透明的红宝石，吃起来微酸，又带有甜味，营养丰富，富含糖、维生素C、磷等，性清凉，美味可口。石榴，原产于中亚国家。西汉张骞通西域后始传入我国。约在明代中期，它才出现在南澳岛上。奇怪的是，全岛中唯独深澳石榴，树壮果硕，别的地方——连距它只有几里远的三澳，所产的榴果也小得可怜。这是因为深澳深凹于三面高山、一面临海之处，地湿土肥，风平气润，四季如春，很适宜石榴生长，加上管理得法，故这里的石榴树特别壮旺，石榴味道分外甜美。深澳石榴，很受东南亚国家华侨的欢迎。在果满枝头的金秋，一些回国探亲的侨胞，总是受亲友重托，捎带深澳石榴树回侨居地栽种，以寄乡土之思。

3.云深两澳关

山石赭黑，沙滩雪白，树丛浓绿，木棉花红，倒映在深潭一样的碧水之中。南澳岛，像是浓墨重彩，画在蓝天上。绕岛一周，到处可见能够泊船的澳口，这就是岛名南澳的由来。有岛作为屏障，海面轻波细推，平涌软溜。三三两两的竹筏子，轻飘飘、慢悠悠，一个人划桨，装在竹箩里的渔网，随着竹筏的前进自动投下水去。乍一看，几乎令人误以为是在鳞波细细的江南之乡。走遍四海，只在澎汕海面，有这样的渔人，敢在大海上用小竹筏捕鱼。

南澳岛古有"沉东京，浮南澳"之说，海中大地震使东面的南澎列岛部分沉没，在南澳却升起古老山、金山两座各600米的高山。

浓墨重彩的美景

若向两山之间的雄镇关攀登，山道陡峭，时时急转，使人觉得路已到了尽头，可拐过山角，路又继续蜿蜒向上。向海看去，南澳岛正处在南海、东海分界处，东去福建、台湾海峡，西来广东，出洋远行的商船都从左近航道通过。这里扼南海、东海通道咽喉。明嘉靖年间，倭寇勾结汉奸、海匪吴平占领南澳，东劫西掠。1567年，戚继光率5000士卒，登陆南澳，连夜披荆斩棘，开辟道路，奇袭匪巢，剿灭吴平，把倭寇全部赶下海去，并由俞大猷率领水师在海上把他们消灭。

雄镇关关隘上有几株古榕树，气根悬吊，有的粗如手臂，有的细若游丝，遮天覆地，形成一个绿色拱门。隘口有石刻："云深处"。关门上石刻对联："雄跨南北双峰脊，震慑云深两澳关。"果然气势不凡。

旧时南澳县城设在深澳镇。明、清两代总兵府已经修葺一新，门前古榕树下，一尊4000千克的大炮，如同一只卧虎。这是道光年间中国人自己铸造的最大口径的火炮。鸦片战争前夕，英国贩运鸦片的船只，曾经停泊南澳海面。林则徐凭借这些大炮，下令收缴烟土，驱赶英国烟船，随后加紧赶修炮台，防备侵略。当时，南澳岛人口不足3万人，人们却踊跃捐铢、参战，短时间内，在南澳布设了大小岸炮200多门。

在深澳大街，一座精雕细刻的芝龙坊高高耸立，这在岛上，堪称雄伟建筑，虽在1919年大地震时遭破坏，但高高的汉白玉石柱联结的石拱仍大部完好，矗立街心。明天启四年（1624）郑芝龙从日本回到台湾，开发海上贸易，组织军队，打击已经侵占台湾南部的荷兰人，用武装保护海上交通，屡次歼灭荷兰的铁甲兵舰。他担任过南澳总兵，明朝皇帝褒奖他的功勋，为他建立了这座芝龙坊。他的儿子郑成功，最早也以南澳为基地，募集义军，训练水师，为后来收复台湾奠定了基础。

从深澳渡口乘船可以到猎屿小岛。猎屿，灌木丛生，绿掩全岛。沿岛西行，攀登至高处，迎面一座明、清时修筑的铳城——炮垒。城高约3.3米，墙宽3米，用贝砂灰石筑成。明代天启年间，荷兰人侵略我国，南澳副总兵黎国炳紧急动

古老的景色

员军民，抢建了猎屿铳城，使荷兰三艘铁甲舰望而生畏，犹豫了三天，最终悻悻撤退。明末崇祯六年（1633），荷兰人纠集大小20多艘舰船进攻南澳。猎屿铳城的大将军炮、大神飞炮将敌舰击伤，守军和岛上居民又趁着暗夜，利用大雾，驾船逼近敌船，一阵呐喊后纵火猛攻，迫使荷兰侵略者仓皇逃遁。着摩崖石刻"海阔心雄"，至今闪耀战斗光彩。

4.海滩古井

在南澳岛的澳前海滩上，出现了一眼南宋古井，这件事轰动远近，前往观赏和汲水者络绎不绝。这眼宋井由花岗岩条石砌成，呈正方形，井口直径约1米，深约1.2米，井中的水清甜爽口。

据有关部门分析，这一带本是滨海坡地，后因陆地不断下沉，天长日久，山坡渐成海滩，古井也就被海沙吞没了。平时，古井被厚沙覆盖着，很难发现。只有当特大海潮发生时，大量沙层被惊涛骇浪卷走，古井才裸露出来。新中国成立后出现过4次，其中1962年夏、1969年7月28日，都是在强台风掀起的罕见大海潮之后显露的，这次井露，与1962年、1978年古井出现时所拍照片里的位置一样。1969年出现时没有留下照片，但据许多人回忆，是在如今位置再靠西几米处，且形状也有异。看来，古井不止一个。据当地一位70多岁的老人说，当年挖有"龙井""虎井""马槽"3口井，此次复出的是"马槽"。

更令人惊奇的是，虽然古井旁的大海浊浪咆哮，可是底质是沙的井泉却奔涌不息，而且比一般的井水、山泉水还要清甜。即使把苦的海水倒下去，隔上一会儿，井水仍甜淡依然。有人用水质纯度测量表测得古井水的电流是80微安，而当地食用的自来水是85微安，按欧姆定律所述，电流越小，水质越纯，可见古井水比当地自来水还纯净。每次古井复出后，都有本县、潮汕、广州等地的许多人，不辞长途跋涉，前往取水，捎回家里冲茶和珍藏。据说此水可贮10多载而不腐。有人把3年前贮藏的一瓶古井水，特地开盖闻之，毫无不正的味道，且水质依旧澄清，令人不解其妙。

5.南澎灯塔

南澳居闽、粤、台三省及往返港澳的海上交通要冲，但海区岛礁交错，气象多变，给来往船只构成了潜在威胁。为了确保海上航行安全，自清代起，南海岛先后建起了若干灯塔，目前尚存有8座。而在这8座灯塔中，无论从历史还是实用价值上看，当首推南澎灯塔。

南澎灯塔位于南澳东边43.2千米的南澎南侧山峰上，该灯塔始建于清同治十三年（1874），因当时一艘英国船只险触芹澎礁，设在英国伦敦的国际海上人命保险机构"万国公司"遂决定建立此灯塔。当时塔身高58英尺（19.3米），直径为4米，塔体表面由生铁板焊制而成，灯光中心离高潮水面约72米。白炽灯靠电力自日落至日出，每隔10秒闪光一次，灯光视距达30多千米。塔旁建了两间红砖房，供管理灯塔的英国技术员和南澳籍劳工居住。

1945年，海盗卸走了贵重的闪光器水银鼎以及一些重要机器设备，灯塔遂瘫痪。出于无奈，设在福建鼓浪屿的上级机关，命令劳工改用汽灯作为光源，并负责看管灯塔其他财产。1952年10月19日夜，在我军收复南澎战斗中，灯塔中弹，但未倒塌。10余日后我军为战斗需要，将灯塔炸毁。

直到1986年8月，南澎灯塔才由国家拨款复建。塔高12米，灯光射程24千米，塔身采用玻璃钢材料组装建造，灯间呈木棉花状，靠太阳能装置供电，灯闪动周期为6秒，连闪两次。

历经沧桑的南澎灯塔终于又获得了新生，这无疑是一件好事。但假若我们在复建灯塔时，能重现当年的风貌，那该多好啊！这样既可以使后人牢记帝国主义从海上侵略我国的罪恶历史，也可以作为一种文化遗产保存下来。时下，不少国家把一些并不起眼的历史遗迹都辟为"国家公园"，如果把南澎灯塔恢复原貌并辟为国家保护景点，那不又是一处绝妙而又富有教育意义的旅游景观吗？推而广之，我国沿海的历史遗迹众多，倘若都把它们保护和利用起来，那将是为丰富民族海洋文化做出的历史贡献。

第九章　海南省的岛屿

海南岛

在祖国大陆南方的万顷碧波中，坐落着我国的第二大岛海南岛。它与祖国大陆南端的雷州半岛仅一水之隔，它们中间是约30千米宽的琼州海峡。站在雷州半岛南端眺望南方，可以清晰地看见海南岛这块碧玉一般的土地。

海南岛的长轴长约300千米，短轴宽约180千米，表面形态如同雪梨一般，面积约34000平方千米，海岸线长1618千米。

海南岛高温多雨，林木终年生长，枝繁叶茂，形成了广阔的热带原始森林，是一个永不褪色的绿色世界，也是祖国唯一拥有大面积热带雨林的地区。

海南岛天然林占全岛面积的1/4，主要分布在山区和丘陵区。由于干、湿季明显，中部地形复杂，气温垂直变化显著，使得岛中部海拔较低的山区形成热带雨林和季雨林；海拔较高的山区又形成混有热带乔木的常绿阔叶林。在中部偏东、偏南的部分低山丘陵区，热

海南岛风光

带林木生长繁茂，伟树参天，树木种类占全国的20%，其中有用木材就达800多种。海南岛的主要林区位于尖峰岭、吊罗山和坝王岭。

走进海南岛的热带雨林，各种树木随处可见。树高20米以上的有鸡毛松、蝴蝶树、青梅、坡垒、黄枝木、红楠等；低于20米的有鸭脚木、胭脂树等。石栎等树木生有板状树根。大叶榕、青果榕等直接在茎上开花结果，叫老茎生花，成为热带森林的独有景观。热带雨林中还生长着多种木质攀缘藤本植物，构成了热带雨林繁密的景象。

热带季雨林分布在中部偏西，干、湿季明显的地区，这里生长有鹧鸪麻、枫香、木棉、合欢等树种。这些树木在旱季完全落叶，雨季来临又发芽生叶。季雨林中较高的常绿阔叶树种较少，常见的有海南椴、琼楠等。

在海南岛的森林中，珍贵优质林木随处可见。花梨木材质坚韧、耐腐，颜色深沉红润，花纹瑰

海南岛风光

美丽的孔雀

丽，它的心材还可代作降香，香味多年不减。子京、稠木百年不腐，坚硬如铁，入水不浮，压不变形，素有绿色钢材之称，特别是子京，还是工业、家具、工艺美术的特级木材。坡垒和青梅材质坚韧厚重，干燥后很少开裂，也不变形，材色艳丽，耐腐、耐晒、耐浸，又不受虫蛀，有"木材之王"的美誉，是珍贵的造船和高级家具用材。母生又称红花天料木，材质仅次于坡垒。红椤不仅具有子京的优点，而且切面平滑有明亮光泽，颜色红润艳丽，经久不变。红楝子可与桃花心木媲美。此外，石梓、柏木、油丹、油楠、杉木等也都是海南的珍贵林木。

在海南岛北部，还有一处特殊的森林，那就是东寨红树林，它生长在铺前到东寨的海滩上，茫茫无际，面积达25.34平方千米。海水涨潮，红树林的树干浸泡于水中，退潮后又出露海滩。红树林枝叶繁茂，盘根错节，人们称它为海上森林，它保护着海岸不受侵蚀。1980年海南岛的东寨红树林被国家确定为红树林自然保护区。

在海南岛还有一座人工建造的被誉为"绿色热带植物宫殿"的热带植物标本园。它位于距那大12千米的新村境内，创办于1958年，占地约0.13平方千米，汇集了国内外上千种热带植物，分为油料植物区、果树区、香料植物区、药用植物区、林木区、香辛饮料植物区和柁果品种区。这个植物标本园自建

园以来，先后从五大洲成功引进了280多种热带经济作物的种子和苗木。园内有澳洲的坚果，爪哇的古柯，印度的蛇木，阿拉伯的橡胶，巴西的苜蓿，斯里兰卡的肉桂，非洲的面包树、油梨、非洲楝，美洲的大叶桃花心木、湿地松，印尼紫檀，还有引自20多个国家的70多个品种的柁果，以及糖棕、榴梿、红毛丹、人参果等。

在海南岛起伏的山岭中、茂密的森林里，生活着几百种动物，其中兽类就有80多种，占全国野生兽类的21%，还有众多的鸟类及其他

海岛黄昏

动物。

生长在海南岛藤萝密布的森林中的黑长臂猿是我国猿类的唯一代表。黑长臂猿几乎完全栖息树上，它最喜欢在高大树木上利用树枝摆荡穿越林间。它在树上攀缘腾跃时手脚并用，极为灵活，但它偶尔也下地直立行走。在森林中过着半树栖半地栖生活的树鼩，与灵长目的猴类有相似之处，在外形和习性上又像松鼠。它不时在林间地上跳跃嬉戏，捕食昆虫和幼鸟。

由于白天炎热，夜间凉爽，海南黑熊经常昼伏夜出，穿行于山谷林间，每当黄昏以后，它便出来捕捉来不及躲藏的小动物。在海南岛食肉目动物中，黑熊可称得上是兽中之王了。

云豹是海南的珍稀动物，主要生活在中南部山区的原始森林中。它爬树本领很高，动作敏捷，白天在树上睡觉，晚上捕食树上鸟类、猴类和其他树栖小动物。云豹有时也下地捕猎水鹿等较大动物。

坡鹿是我国的珍稀动物，唯海南岛独有。鹿类中的水鹿和体形较小的黑脚赤麂，白天都藏在山林

中，水鹿晚上才出来到水边吃青草、野菜；黑脚赤麂多半在晨昏出来到林边觅食。它们听觉灵敏，善于奔跑。在林中还栖息着泽鹿、拟绒鼠、海南毛猬、海南鼯鼠、海南穿山甲、果子狸、红腹松鼠、豪猪等海南岛特有的动物。由于海南岛长夏无冬，生活条件优越，兽类的毛色一年也没有多大变化。

海南岛的鸟类大多羽毛浓艳。原鸡、长尾夜莺、斑头大翠鸟、银胸丝冠鸟、大盘尾、孔雀雉、鹊隼、盘尾树鹊等都是我国珍贵的鸟类。其中孔雀雉、鹊隼、盘尾树鹊极为珍贵，唯海南岛所特有。

海南岛的密林中还有一种巨大的南蛇，可吞食水鹿等大动物。山野林间还有体形特大的热带巨蜥、长有膜翅的飞蜥。此外，两栖动物中的岩蛙、海南湍蛙、粗皮蛙、尖头树蛙等都是海南岛特有的种属。

1.海岛的形成

海南岛是我国大陆岛中的第二大岛，与华南大陆有着不可分割的"母子关系"和相同的地质构造，是地壳上升后又发生断陷形成的岛屿。

早古生代时（距今约5.7亿年前～4.4亿年前），雷州半岛与海南岛地区是一个沉降带。加里东运动使雷琼地区上升成陆，形成以北东方向为主的一系列断裂褶皱带，使早古生代沉积的地层发生了质变。到晚古生代（距今约4.4亿年前～2.3亿年前），海南岛陆块相对稳定。但印支运动又促使岩浆活动强烈，形成现在海南岛广泛分布的花岗岩体，构成了穹隆山地，也筑成了海南岛的基础。后来的燕山运动和喜马拉雅运动又使这个花岗岩穹隆发生强烈的断裂，形成几条大的东西向断裂带，其中文教至王五大断裂带既宽又深，使断裂以南大约2/3的区域抬升，称为海南构造隆起，且一亿多年以来一直在上升；断裂以北发生下陷，称为雷琼凹陷。然而，在第四纪以前（距今约250万年前），海南和雷州半岛还一直是一个整体，在地质构造上属华夏地块的延伸部分。到了大约更新世（距今约250万年前～1.5万年前）中期，由于火山活动，雷州半岛和海南岛之间发生了断陷，变成了琼州海峡，才使海南岛与大陆

分开。以后海平面多次升降又使海南岛与大陆多次分离和相连，到第四纪冰期结束，海平面大幅度上升，才形成琼州海峡和海南岛现在的形态。

地质构造运动引起的海南构造隆起使海南岛中心部位不断抬升，逐渐形成了现在海南岛中高边低山地位于中央，丘陵、台地、平原依次环绕四周的地貌特征。海南岛平均海拔220米，500米以上的山地占全岛的25%，100米以下的平原、台地占全岛面积的2/3。

海南岛中南部山地统称为五指山区，有三条大的山脉平行并列于此。东列为五指山脉，中列为黎母岭，西列为雅加大岭。这三条山脉气势磅礴、层峦叠嶂，为海南岛的脊梁。这里群山耸立，峰岭连绵，超过1000米的山峰有81座，超过1500米的山峰约有10座。其中五指山高1867米，是海南最高的山峰，吊罗山高1509米，鹦哥岭高1812米，猕猴岭高1655米，雅加大岭高1519米，尖峰岭高1412米。

这些山脉峰岭之间，河谷和盆地纵横错杂，使得整个海南岛就

像一个多尖顶的金字塔坐落在大海之中：山区多级阶梯地势异常明显，分别呈现300米、500米、800米、1000米～1100米和1500米五级台阶，山顶都像平缓的桌面平台。这种阶梯状的地形，大体反映了各个地质时期局部到整体先后隆起的顺序。有人认为，800米以上的三级台阶是相当古老的地块的表面残留，还可以看到当时的山体和凹地。

海南岛也是一个多火山的岛屿。这里的火山都属于基性火山，它所形成的火山锥低矮，坡度较缓，海拔一般都不超过250米。海南岛的火山多呈圆锥形高地，伏卧在海南岛北部广阔的台地表面。这些火山锥都是更新世和全新世形成的，共有几十座。著名的有马鞍山——雷虎岭火山群，包括旧州岭、高山岭、青山岭、笔架岭和龙门岭等。它们在1万年前都已熄灭，变成了死火山。

2.绮丽的山川

海南岛位于热带海洋上，一年之中，太阳两次垂直掠过头顶，

海南岛风光

因此即使在隆冬时节，海南岛仍不减苍翠，有"常绿岛"之称。这里从来没有真正的冬天，更不见雪花飞舞。五指山的雄伟壮观，天涯海角的旖旎秀丽，火山溶洞的迷幻幽深，原始森林的神奇奥秘，无不显示着海南岛的美丽。此外，猴岛鹿场、大东海海底珊瑚、五公祠、海瑞墓、东坡书院等名胜，都是著名的旅游景点。五指山峰岭苍劲，青翠欲滴。起伏的山峦由于长期的风化、侵蚀，被切割得状如五指，雄伟壮观。主峰二指如光滑的岩柱直刺青天。由主峰往东，起伏和缓的三指、四指、五指相依排列，高耸险峻。登上五指山俯瞰南海，可见碧波万顷，海天相连；向北眺望，被视为海南岛脊梁的三条山脉如龙如蛇，盘亘跌卧；极目东西，万山叠错，云遮雾绕。若从山下仰望，可见林木苍翠，烟云缭绕，绿山青指，直插云霄。春季天气晴朗之时，可观"五峰连指翠相连"的奇景。7月以后，云绕峰顶如生白花，常常难识五指真面目。

尖峰岭千山万壑，树海林涛，是我国最大的热带原始森林区之一，也是我国著名的热带森林公园。它位于海南岛西南部，东西长28.3千米，南北宽26.5千米，面积约500平方千米。森林中树木种类达340种以上，其中适合于造船的高级珍贵树种就占35%，适合于制作胶合板材的树种占15%。森林中还生长着多种奇珍动物和名花异草。

步入原始森林，高大的母生树、青梅、坡垒、蝴蝶树等迎面挺立。花梨树散发着特有的香味。林中生长着巴戟、灵芝等300多种贵重药材。密林深处偶尔可见黑长臂猿在林中攀缘，云豹在树上安然栖息，黑熊、野猪在林间穿行，猴子、松鼠跳跃嬉戏，还有狸猫、黄猿等走兽出没。斑鸠、画眉、鹦哥等鸟类在林间飞行鸣叫，蟒蛇、眼镜蛇在草丛中缓行，藤蛇则缠绕树上，尖峰岭原始森林是动物的乐园。

3.大东海和亚龙湾

在三亚"鹿回头"东面不远，有大、小两个海湾，大的叫大东海，小的叫小东海。大东海是一个美丽的新月形浅水海湾，夹在兔尾

海南第一山——东山岭

岭和"鹿回头"之间。这里风平浪静，水波涟涟，银沙铺地，宽阔平坦，水清见底，椰林浓密，大海碧波如茵，这一切构成了一幅优美的图画。大东海是有名的海水浴场。

亚龙湾，人称东方夏威夷。它西、北、东三面被青山环抱，南临大海。这里海水澄碧，白沙如银，粒细而柔软。海滩长达7000多米，宽100多米。湾内水域开阔，微波荡漾。每当大潮退后，各种贝壳随地可见，五颜六色，缤纷如落英。

亚龙湾北有山峦阻挡冬季寒流，南有热带暖流调节海水，因此冬暖夏凉，水温适体，可随时尽情畅游海中。在这里可享受温暖的阳光、海水、沙滩，是旅游者梦中的乐园。亚龙湾不仅海陆风光锦绣，而且海底也是一个大"花园"。若动若静的珊瑚，千姿百态：菊花珊瑚如玉枝招展，莲花珊瑚亮丽粉红，蘑菇珊瑚团团叠叠，牡丹珊瑚红艳夺目。潜入水中，活珊瑚宛如热情的花仙，伴你起舞，姿态轻

柔，楚楚动人；成礁的珊瑚则如美貌少女亭亭玉立。

在珊瑚礁丛中，你可见到色泽鲜艳、浑身鳞甲的龙虾。它身长可达六七十厘米，重达几千克，游泳姿势十分缓慢有趣。

4.海南第一山

海南岛东南万宁海滨的东山岭，四座山峰紫翠相连，风光绮丽多姿，素有"海南第一山""南溟第一奇"之美名。

东山岭上石奇、洞秀，岩壑崔嵬。石船、石笏、石笋、石床、石桥、石屋、石门等石景遍布，造型多样，自宋代以来就是著名的风景胜地。华封仙榻、仙舟系缆、冠盖飞霞、正笏凌霄、蓬莱香窟、七峡巢云、海眼流丹、瑶台望海是东山岭的著名八景。岭上还有望海亭、潮音寺、净土寺、文峰塔、摩崖石刻等点缀其间。沿山间小路行进，时临峭壁，时进岩洞，时逢怪石，时见清流，眼前风物多变，景景相连。东山岭上泉水变幻莫测，时而从石缝中潺湲而溢，时而从地下汩汩涌出，潺潺淙淙，妙趣横生。东山岭山坡土地肥沃，水丰草盛，灌木丛生，是优良的天然牧场。东山羊自唐宋以来就在这里纵横驰奔。野生的东山羊肉是东山岭的特产，具有益气补虚御寒之功效。民间有句俗话："冬天吃了东山羊，少穿一件棉衣裳。"

第十章　台湾省的岛屿

◎　◎　◎　　◎　◎　◎　◎　◎

一、台湾岛

1.台湾岛的形成

如果你看一下世界地形图就会发现，在西太平洋的边缘有一条呈弧形展布的岛链——西太平洋岛弧。它北起阿留申群岛，向西经千岛群岛，向南接日本列岛、琉球群岛、台湾岛，再向南是菲律宾群岛和印度尼西亚群岛，长达万余千米。台湾岛恰好位于这条岛弧中部转弯的中节点上。亚太地区的地壳由欧亚板块、太平洋板块、菲律宾板块和加罗林板块构成，我国的台湾岛刚好处于欧亚板块与菲律宾板块的结合部。

地质学家把欧亚板块东缘称为活动大陆边缘。这个板块一直向东运动，太平洋板块则向西运动。由于欧亚板块是大陆地壳，质量较

轻，太平洋板块为大洋地壳，质量较重，在两大板块的结合部，大陆板块就覆在大洋板块之上，大洋板块则向大陆板块下面倾没。强烈的碰撞、挤压，使得两大板块边缘发生断裂、弯曲、褶皱、上升，逐渐形成了西太平洋岛弧。板块边缘接触带在地貌上表现为一条狭长的裂谷或海沟，在台湾岛上则表现为台东纵裂谷。经研究证实，在台东纵谷以西为大陆地壳，纵谷以东为大陆向大洋的过渡型地壳。

地质学家经过研究确定，台湾岛是一个年轻的岛屿，成陆到现在不过3000万年左右的时间，是随板块碰撞、地壳褶皱隆起而生，并经历了五次大的构造运动，与地球的历史相比很短很短。

在中生代中期以前，台湾岛完全被海水覆盖。中生代中期（距

今约1.5亿年前）至第三纪的始新世（距今约0.6亿年前~0.37亿年前），先后发生了南澳运动和太平运动两次大的构造运动，使台湾岛两次升降又没入海中，只有附近几个小岛残留在海平面之上。渐新世（距今约3700万年前~2600万年前）发生的埔里运动，使台湾岛西部上升成陆。中新世（距今约2600万年前~1200万年前）中期至上新世（距今约1200万年前~200万年前）发生的海岸山脉运动，又使台湾西部下沉，东部成为陆地。上新世末至更新世（距今约200万年前~1.2万年前），由于菲律宾板块向西运动增强，发生了台湾运动，使中央山脉带急剧上升，东部一块跟着褶皱抬起，形成了现在的阿里山脉和东部海岸山脉，同时还形成一系列断裂带，其中最著名的就是台东纵谷。更新世以来整个台湾岛继续抬升，表现为间歇性隆起。第四纪冰期和间冰期时，海平面升幅达100米以上。台湾海峡经

风景如画的台湾岛

历多次沧桑巨变之后，随着海平面的上升，才逐渐接近现在的形态。现代的台湾岛以中央山脉为主体的大部分地区还在继续上升，地震活动也很频繁。

台湾岛在形成过程中，伴随有多次火山喷发。最早的火山活动发生在中生代白垩纪（距今约8650万年前～8250万年前）。在台湾东部的南澳，花莲的丰田、万荣、瑞穗，玉里的清水溪和台东的利稻6个地方都曾有火山喷发，至今仍保留着已经变质的火山岩。台湾岛的第二次火山活动发生在早第三纪的始新世，喷发点主要位于台湾中北部的雪山山脉和中央山脉，形成一条连续的火山带。到了晚第三纪，火山活动进入活跃期，几乎遍及全岛，并贯穿整个中新世，形成西北和东部两条主要火山带，火山岩沉积厚度很大。第四纪火山活动仅限于岛的北部，现今保留着最好的火山地貌。它包括大屯火山群和基隆火山群。大屯火山群方圆250平方千米，有20座火山，向西南过海伸到澎湖列岛，形成大屯——澎湖火山脉。基隆火山群位于基隆港东

面，其中的草山和鸡母岭火山口保存完好。最壮观的是基隆山，高达588.5米，属更新世早期的火山。

近代台湾岛虽然没有活火山的记载，但大屯火山群至今仍有火山活动迹象。火山群中心部位的七星山四周及附近裂口，仍在不断喷发出硫黄气和高温热水，说明火山活动仍未停止。

台湾岛还是我国地震最频繁的地区。在我国1752年出版的《乾隆台湾县志》中，称"台地罕有终年不震者，故不悉书，大震则书"，由此可见台湾的地震多么频繁。1644年～1892年台湾至少有过28次破坏性地震。1897年开始用仪器观测地震以来，台湾平均每年发生2级以上的地震2000多次，其中人能感觉到的就有二三百次。1901年～1982年发生6.0级～6.9级强烈地震138次，8级以上地震两次。每次强烈地震所形成的地形变化平均在1米以上。1920年6月5日的花莲8.3级地震，使该区平均抬升了9.7毫米，地震产生的水平移动使秀姑峦溪河道向北移动了25

千米。

台湾岛的地震以中央山脉为界分为东、西两个地震带。东震区称为板块边缘震区，地震强度较大，也最频繁，有人把海岸山脉称作移动的山。西震区处在板块内部，地震强度不大，发生频率较低，特别是7级以上的大地震次数较少；但由于震源较浅，中、小地震也会造成灾害。1935年4月21日的台中新竹7.1级地震，震中及附近地区，有20多处山崖、河岸大规模崩塌，多处铁路、桥梁、隧道毁坏，倒塌房屋29312栋，3276人死亡，12053人受伤，是台湾有史以来破坏性较大的一次地震。

为什么台湾岛会多火山、地震呢？这与台湾岛所处的地理位置有关。台湾岛位于西太平洋岛弧的中节点，板块的结合部。西太平洋岛弧是一个构造活动带。当板块活动时，地壳深部的岩浆就会顺着裂缝上升，冲出地面发生火山喷发。同时由于板块间的相互碰撞挤压产生的地应力超过了岩石的抗压抗拉强度，岩层便发生断裂错动，每次岩层的错动就要引发地震。所以台湾岛既是火山带，又是地震带。

2．美丽的台湾岛

如果万里无云、天高气爽，你站在福建中部海岸高处向东极目远望，在茫茫大海的深处，隐隐约约可以看见台湾岛。它像一颗美丽的宝石，镶嵌于翠玉般的碧波之中。台湾岛东临太平洋，西与福建省隔海相望，位于祖国大陆的东南方，是我国海拔最高的岛屿。台湾岛的平面形态好似一片芭蕉叶，长轴走向为北北东方向，南北长394千米，东西最宽处144千米，面积35778平方千米。台湾岛海岸平直，很少曲折，岸线长1139千米。北回归线横贯全岛中部，每年夏至前后太阳垂直照射台湾岛。台湾岛纵跨了亚热带与热带两个气候带，是我国唯一拥有热带和亚热带风光的海岛，也是我国最大的大陆岛。它以美丽多姿的阿里山、日月潭等胜景闻名天下。

台湾岛四面环海，与大陆之间夹一条狭长水道——台湾海峡。台湾海峡像一条走廊一样连通着东海和南海，不仅海峡两岸过往船只经过于此，就是西欧和印度洋沿岸

台湾岛

各国的船只来东北亚港口也大都经过这里。台湾岛位于海上走廊的东侧，又正好介于世界最大的洋——太平洋和最大的大陆——亚欧大陆之间，具有重要的战略地位。

台湾古称夷州，自古以来就是中国的领土。1624年曾被荷兰侵占。1661年民族英雄郑成功收复台湾。1683年清政府设台湾府。1885年改为台湾省。1895年日本侵占台湾。1945年日本投降后，台湾岛及其附属岛屿才回归中国。

3. 多山的海岛

翻开台湾岛的地形图，台湾岛的中部至东部绝大部分呈褐色和黄色。它告诉我们，台湾岛是一个多山的海岛，约有2/3的土地被山地占据，只有1/3的地区是绿色的平原。如果乘飞机横越台湾岛，可见中部、东部高山峻岭连绵，西部则一马平川，非常醒目直观。中部、东部山地统称为台湾山脉。它是由褶皱、断块形成。以台东纵谷为界，台湾山脉又分成两大山系，东为台东海岸山脉，西为台湾山系，它包括中央山脉、雪山——玉山山脉和阿里山脉。

在地形上，中央山脉将台湾分成不对称的两半，东部坡陡，西部坡缓，自中央山脉山脊向西依次是高山、中山、低山、丘陵、台地，然后是平原与海相接，东面是台东纵谷、中山、低山，然后直下深海；形成四条山脉、一条纵谷、一块平原依次纵向排列分布、相互平行有序的特殊地貌形态。群山之中还有山间平原，称为盆地。台湾岛包括了大陆所有的地貌类型。中央山脉，高峰险峻挺拔、重嶂如屏、绵延不断，海拔高度大部分在3000米～3500米，成为台湾岛的脊骨，也是东部与西部的分水岭。

台东海岸山脉，海拔平均高度为1000米，南高北低，高可达1682米（新港山），低仅500米左右。它东接太平洋，海岸陡峭如壁，拔立海面至上千米，是我国著名的断崖海岸带。

中央山脉往西是雪山——玉山山脉。它峰峦叠错，高峰甚多。全岛有7座海拔3800米以上的山峰，

其中有5座就位于玉山山脉。主峰玉山高达3997米，是我国东南沿海的最高峰。

阿里山脉位于台湾山脉的最西侧，高度多在2000米以下，山势平缓，峰岭逶迤。从这里向西过渡为低山丘陵，地势呈阶梯状下跌，再往下就是台湾西部平原。

台湾岛西部平原是由河流冲积而成的，北窄南宽，宽40千米～50千米。它由台南、屏东两大平原组成，面积合计6200平方千米。台湾岛西岸是泥沙淤积海岸，每年由陆地向海伸展15米左右。

4．山清水秀的自然风光

台湾岛山清水秀，大自然的鬼斧神工把它雕琢得多姿多彩、分外妖娆。一提起台湾风光，人们自然会想起阿里山、日月潭、玉山雪霁、青峡飞瀑等八景十二胜。这些绮丽胜景自清代以来就载入了我国的风光史册，成为祖国壮丽河山的精华，在海内外久负盛名。此外，在台湾岛的青山秀水之中，亭台楼阁金碧辉煌，巧夺天工的艺术创造，给绮丽的山水锦上添花。

阿里山风光主要有阿里山云

海、玉山日出、神木总站和樱花海洋四大景观。观赏阿里山风光首推祝山，它包揽了阿里山全部风光之最。从祝山山脚到山顶，飞瀑凌空、奇石迎面、清水涓涓、古树参天，如同一幅立体画卷。

阿里山云海瞬息万变。在山间观云海，只见滚滚云雾自山顶奔泻而下，顷刻间把满山的景物全部吞没；一阵清风吹过，云雾又渐渐消散，化成朵朵玉莲、条条轻纱，轻盈缥缈，煞是好看。从山巅俯视云海，只见云雾自山谷升起，一会儿就汇成汪洋一片。云雾时而升腾，似浪花飞溅；时而平静，如白絮铺地；时而集聚成团，如山间堆雪，山峰树林，时隐时现，神妙莫测。

黎明在祝山山顶观日出，只见霞光渐渐从东方天际渗出，一会儿朝阳便在天边亮出一条红弧，继而一轮红日从玉山山顶飘然腾空，刹那间，万山红遍、层林尽染，花草、峡谷、石壁一切都掩映在瑰丽的色彩中，景象极为壮观。

春天的阿里山是樱花的海洋。山间小路上，庭院村落里，红的、白的，一堆堆、一丛丛竞相开放，

争奇斗艳。山中的"神木总站"矗立着一棵顶天立地的古树，它植于周朝以前，至今已有3000多年的树龄，这是一棵古老的红桧，被称为"亚洲树王"。树干周长达20多米，要12个人才能把它紧紧搂住。树高50多米，遮天蔽日，就像一座20层楼高的大厦，屹立于高山密林之中，"神木总站"也由此得名。

阿里山中的古刹慈云寺典雅庄严。高山植物园中种植着几百种植物，几乎包括了阿里山全部的花草树木。高山博物馆陈列着阿里山的开发史及各种文物。姊妹潭像阿里山的两只水灵灵的大"眼睛"，笑迎游人的到来。

日月潭是座高山湖泊，也是我国海岛的最大湖泊。湖中央有个美丽的小岛叫光华岛，它把湖水分成两半，北半边像圆圆的太阳，叫日潭，南半边像弯弯的月亮，叫月潭，日月潭由此得名。

日月潭素有"双潭秋月"之誉，无数的文人墨客把它赞美，无数的神奇传说千古流传。日月潭的风光，春夏秋冬、晨昏晴雨各具特色。清晨，湖面上飘着薄薄的雾，

天边的晨星和山上的灯光静静地倒映湖中。到了中午，薄雾散去，整个日月潭的美景和亭台楼阁清晰可见。要是下起蒙蒙细雨，周围景色朦胧，充满了诗情画意。夕阳西下，天空一片金色晚霞，湖面上又飘起薄雾，空蒙迷离，十分动人。等到月亮出山，月光和霞光的余晖映入湖中，日月潭显得宁静、优雅，更添几分神秘色彩。

日月潭，水似碧月，庙宇楼台点缀四周，湖光山色相映如画。著名的龙湖阁、涵碧楼临潭而筑，玄奘寺掩映于青龙山麓的翠林之中。登上玄奘寺后的青龙山峰顶的九层宝塔远眺，日月潭风光可尽收眼底。

宁静的日月潭

5. 清水断崖险

台湾岛东侧海岸山石陡立，有"世界大断崖第二"之称。在这绝壁之上，有处山海奇观，刚好位于苏澳至花莲公路的清水路段，故称清水断崖。它长约21千米，海拔高度700米，也是苏花公路最险峻之处，景致颇为壮观。

乘车在断崖腰部蜿蜒穿行，只见远处海天一色，碧空中海鸟翱翔。俯首下望，百丈深渊，巨浪拍击礁石溅起浪花如千堆白雪。当海水涨潮时，涌浪拍岸而来，不时听到节奏明快的奇妙声响。仰面上瞧，峭壁连云，酷似刀削斧劈一般。回望山峰绝壁，如巨人站立海滨，更显雄伟壮观。黎明过断崖，旭日自海面跃出，霞光映红海空，煞是好看。

台湾岛有五大名城：台北、台中、台南、基隆和高雄。这些城市中，古堡旧城与现代建筑相映生辉，记录着古往今来的灿烂文明。其中最美丽的要数海滨城市高雄了。它西临大海，东依山峦；海上轮船往来，渔帆片片，陆上万木葱茏、鸟语花香、高楼林立、错落有致，一派秀丽的热带海滨城市风光。

登上寿山顶，远可见屏东平原和大武山的壮观景色，近可观美丽的市容，西可览海天一色。游西子海滨，可见白沙如霜、椰树成行、绿草如茵。著名景点莲池潭，湖面宽阔、莲叶簇拥、莲花争艳；龙虎宝塔傍潭而立；春秋御阁坐落湖中，绚丽如画；半屏山朝向大陆，田寮乡月色迷人，山野荧光闪闪，恰似"广寒宫"一般。

6. 广阔茂密的森林

台湾岛是祖国的森林宝库，森林面积约占全岛的一半多，比著名的山林之国瑞士的森林面积还要大。台湾岛的森林80%为天然林，许多是经济林木和珍贵的树种。台湾因此而被誉为天然植物园。

台湾岛地势高低悬殊，温差较大，生长着热带、亚热带、温带和寒带树种4000多种。林区中既有阔叶林、针叶阔叶混交林，也有针叶林。在台湾岛的森林中，经济价值较大的树木有300多种，其中用作工业原料的最多。例如樟树、毕山松、马尾松、油桐、漆树、胭脂树、木篮、白檀、紫檀、红桧、相

广阔茂密的森林

思树、冷杉、水柳、赤杨、扁柏等总计不下八九十种。

在这些经济树种中，最有名、经济价值最高的要数樟树了。其主要树种有本樟、芳樟、油樟，是提取樟脑和樟脑油的原料。在世界上其他任何地方也找不到像台湾那么多的樟树林和生产那么多的樟脑，因此，台湾岛又有"樟脑王国"的美称。台湾岛的一些热带林木也是祖国大陆比较缺乏的，扁柏等珍贵林木更是其他地方所没有的，其中油杉、肖楠、台湾杉、峦大杉和红桧被称为"台湾五木"，是世界著名的优质木材和珍贵树种，也是祖国的宝贵自然资源。

台湾岛的森林以阿里山最为著名。进入山间腹地，到处古树参天，遮天蔽日。丘陵地带，桉树、椰子树、槟榔树高大挺拔，合欢树、相思树、榕树枝叶繁茂，香蕉树果实累累。樟树、肖楠、槠树、栎树等阔叶树四季常绿，红桧、扁柏、铁杉、亚杉等针叶树粗大笔直。每当风起，千枝摆动，林涛震荡山谷，几十里外都可听到阵阵轰鸣。

7．珍贵的生物

在台湾岛茂密的山林中和绿色的原野上，生长着许多珍禽异兽和名贵花木。仅玉山山脉的动物就有400多种。林涛、兽叫、鸟鸣此起彼伏，给广袤的森林增加了浓郁的神秘色彩。

台湾黑熊是台湾仅有的一种熊，毛黑体小，嘴也较短，前胸有"V"字形白毛，属于喜马拉雅山熊亚种。一般生活在海拔100米～2000米的丘陵山区，现在数量已经不多。

动作敏捷的台湾云豹，体形大小像小豹，一般体长约1.5米，体重在15千克～20千克。四肢较短，尾巴很长，毛为黄色或灰黄色，柔软、有光泽。前肢到臀部两侧都有一些斑纹，像云块又像龟纹，非常美观。云豹体轻灵巧，爬树本领很强，活动栖息一般都在树上，很少下地。云豹生活在台湾东部和南部的高山密林中。现在台湾云豹的踪迹也很难看到了。

在台湾的原始森林中，还有野生梅花鹿活动。梅花鹿性情温顺，体态优雅，皮毛美观。雄鹿有角，尾短，四肢长，善于奔跑，臀部有明显的白色块斑。梅花鹿夏季毛显棕红色，有显著的白色斑点，毛薄；冬季毛显栗棕色，厚密，有绒毛。梅花鹿以青草、树叶、嫩芽、树皮为食，一般晨昏出来觅食。

台湾的白面鼯鼠更为珍奇。它体形比野兔略小，属鼯鼠科，树栖啮齿动物，尾长，很像松鼠。它的前后肢之间有宽大的薄膜，称为飞膜，可用来在树间滑翔。鼯鼠以树洞为巢，多在晨昏出来活动，吃植物的皮、果实和昆虫。

长鬃山羊是台湾特有的一种羊，也叫台湾羚羊。它穿行于2000米～3000米的高山丛林之中，善奔跑，以青草、树叶为食，由于鬃长而得名。长鬃山羊角尖锐，略向后屈，中空不分支，角上有细环花纹，十分珍贵。

栖息于阿里山林中的帝雉是世界珍禽，唯台湾才有。在台湾南投县生活着一个大的帝雉家族。帝雉又叫黑长尾雉，体形比山鸡略大一些。雄鸟长着一身紫蓝色的羽毛，在阳光照射下，光彩奇丽。雄鸟面部为红色，足部为绿褐色，尾部羽毛长30多厘米，黑白斑纹鲜明可见，十分美丽。雌鸟全身呈赤褐色，头部带橄榄色，腹部有白色斑点，尾羽较短。帝雉性情安静，叫声清脆，悦耳动听。帝雉一般生活在1800米～3000米的陡峭山坡的密林之中。

在台湾南部海拔300米～2000米之间的原始林区偶尔可见到蓝腹鹇鸟。它也是台湾特有的鸟类，为世界珍禽，只在高雄县出云山区发现过这种鸟的部分家族。蓝腹鹇鸟的雄鸟脸部为红色，背为白色，腹部羽毛闪烁着蓝色金属光泽，长着一对长40多厘米的白色翅膀，在天空中飞翔时，翅展足有1米多，艳丽异常。

台湾岛是蝴蝶的天地，有400多种蝴蝶，几乎占世界蝴蝶种数的1/3，素有"蝴蝶王国"之称。蝴蝶是很常见的昆虫，但台湾蝴蝶色彩斑斓，多是蝴蝶家族中的珍稀种类。其中的金凤蝶是世界最美丽、最稀有的蝶种，它长有一对金色的翅膀，身上的花纹五彩缤纷，在阳光下更显艳丽夺目。青斑凤蝶、木生蝶、阔尾凤蝶、清金小灰蝶、皇蛾阴阳蝶等也都是世界罕见的珍贵蝶种。

生活在玉山等山区溪谷丛林之中的山椒鱼，与鳄鱼和大熊猫一样，是世界仅存的几种远古动物之一，被称为活化石。它既可以在水中生存，也能爬到山椒树上觅食树子，因此人们叫它"山椒鱼"。山椒鱼有四只脚和一条长尾巴，身上无鳞，头两侧无鳃，外形很像壁虎，但比壁虎大得多，身体颜色可随周围环境变化，其他动物很难发现它。

海洋齿也是一种远古动物，比大熊猫还要古老得多。据说它已经在地球上生存1.7亿年了。海洋齿属于棘皮动物门海百合纲，主要在海岸边珊瑚礁区活动，在台湾从南到北随处可见。海洋齿全身上下呈红、橙、黄、绿、蓝等艳丽色彩，如同彩虹的缩影，十分美丽。

台湾是兰花之乡，盛产兰花100多种，名贵品种有蝴蝶兰、石斛兰等几十种。最名贵的野生蝴蝶兰，开花时花朵特别像蝴蝶，被誉为台湾兰花之最，现在只能在深山密林中才能见到。石斛兰是盆养兰花，群枝丛生，花色分粉红色和白色两种。一叶兰，小巧玲珑，白色花瓣，内有紫红斑点。素心兰种类很多，一枝开花4朵～9朵，颜色淡黄带绿。报春兰春节前后开花，一枝开放10朵～20朵，是吉祥如意的象征。

在台湾南北各个公园里都可以看到一种高达几十米的巨大灌木丛藤状蔓植物——九重葛。虽然它数量很多，但也属于世界珍贵植物，在我国南方其他省份也不多见。台湾的九重葛枝叶茂盛，种类很多，其花色有紫红、深红、橙红、白色、黄色及双色等，还有单瓣和复瓣之分，多彩多姿，奇丽美观。

二、澎湖列岛

要是在宁静的夜空飞越台湾海峡，你就会看到在漆黑的海面上闪烁着一群"星星"，那就是澎湖列岛。澎湖列岛位于台湾海峡东南部。

澎湖列岛靠近台湾岛，由64个岛屿和许多礁石组成，南北长60千米，东西宽40千米，陆域面积127平方千米，由8条水道将列岛分为南、北两群。南群岛屿主要有望安岛、七美屿、东吉屿、西吉屿等；北群岛屿较多，澎湖、渔翁、白沙三个大岛都在这里，其中澎湖岛最大，面积为64.2平方千米。

历史上澎湖列岛一直是大陆与台湾岛连接的陆桥。公元610年，隋炀帝派陈棱、周镇州率军去台途中，曾到过澎湖。7世纪至12世纪的600多年中，大陆沿海居民不断开发澎湖列岛。澎湖列岛1281年归入我国版图，1360年元朝在澎湖设巡按司，现属台湾省的澎湖县。

澎湖列岛是台湾海峡的门户，扼海峡航运之要冲，是海峡两岸运输中转的基地，是连接大陆与台湾岛的桥梁。

澎湖列岛在地质构造上属于第四纪大屯澎湖火山带的西缘。组成群岛的岩层主要是玄武岩，其中夹有砂岩，只有花屿是由石英岩构成，小门屿和七美屿有少量石灰岩出露。澎湖列岛上的第四纪地层厚100多米。

澎湖列岛原是火山喷发形成的玄武岩台地，因受风浪的常年侵蚀而分裂成许多岛屿。岛上地形平坦，平均海拔高度约为30米，最高的岛屿也只有79米。各岛海岸陡峭，在岛屿外围，珊瑚礁环绕，有的岛屿礁裙宽达1千米之多。

澎湖列岛素有"风岛"之称，风蚀海蚀形成了澎湖列岛独特的异洞奇石等美丽景观。寺庙众多是澎湖列岛的又一大特色，全县97个村镇，寺庙竟多达142座，每座寺庙都建得富丽堂皇，其中尤以澎湖岛的天后宫和观音亭最为壮观。这里香烟缭绕，长年不断。

红木埕既是渔船停泊之处，又是览胜景点。夜幕降临，海面顿生万家渔火，倒映水中，通宵达旦，涟漪起处，宛如条条金蛇浮动，与天上繁星相映，有如天上人间。这就是自古有名的台湾八景之一"澎湖渔火"。

白沙岛西端海滨有棵世上罕见的大榕树，枝叶繁茂，遮阴面积达660多平方米，气生根有90多根，有些扎进地里成为一根根树干，是台湾五大奇树之一。有人在树下立碑，题字"榕园"。

渔翁岛的形态好像一条海马，

岛上风光美丽，尤其残阳西下之时，霞光万朵，海天映辉，有"西屿落霞"之誉，清代以来就是澎湖八景之一。

虎屿沉城神奇奥秘，被誉为"沉城奇观"，也是澎湖八景之一。每当海面平静之时，乘小船到岛东南近岸海面，向下深望，隐约可见水下有一红色"小城"，周长百余米，"垣墙"犹在，"城堞"可数，引人入胜。

七美屿海景秀丽，岛南端有一名胜称"七美人家"。相传明嘉靖年间，倭寇突袭此岛，当时有七个美貌少女不愿受凌辱投井殉节。不久以后，在井周围竟长出了七棵香楸树，开出白色小花，终年不谢，香浓四溢。后人认为是这是七位少女化身，于是在井边立碑纪念，并在碑上刻下"七美人家"四个大字。

恒春半岛东方63千米海面，有座由安山岩、凝灰岩构成的火山岛。岛上地势崎岖，山岩赤红，故称红头屿；山野间森林茂密，四季常绿，特别是名贵的蝴蝶兰花遍布全岛，故又称为兰屿。兰屿面积40多平方千米，山峰圆秀匀称，最高峰海拔548米。珊瑚礁岩环岛四周，东南海岸断崖峭立，曲折险峻，惊涛拍岸，如堆雪银花，景色美丽壮观。情人洞、兵舰岩、双狮卧、龙头岩、战车岩、红头岩、玉石岩、母鸡岩、鳄鱼头、坦克岩、青蛙岩、帽子岩、睡狮岩、猴岩等奇石异洞遍布、鬼斧神工、惟妙惟肖。红头山高高耸立于众山之上，山石橙红，远望就像伏于绿荫之上的大红桃子。登上大森山顶，可见恒春半岛的青翠山峦，菲律宾的群岛也会映入眼帘。东清湾沙细水净，海涛、云絮、夕阳、渔舟四景如画。

绿岛

三、绿岛

距离台湾台东市33千米的东南海中，有一个15平方千米的火山岛，由于自然形态和环境的造化，岛上树茂林森，浓荫蔽日，远望如碧波浮翠，故称其为绿岛。绿岛也曾叫火烧岛。

绿岛呈圆锥形，由安山岩构成。岛上丘陵起伏，最高峰火烧山海拔281米，绿岛四周珊瑚礁石环绕。绿岛山青水碧，鲜花遍野，绿

岛公园堪称岛景之最。它依山傍海，自然天成，园内一片葱绿。溪流穿谷而过，清水潺潺。林中莺歌鸟鸣，悦耳动听，犹如世外桃源。站在静心亭、望海亭、仰止亭上，环顾海光岛色，心旷神怡。涧谷深处，青山流水，"观音洞"幽静秀丽，步入福地洞天，犹入仙境一般。绿岛灯塔高9.7米，圆柱造型，颜色纯白，美丽壮观。

四、兰屿岛

台湾东南方向附近，有一座小岛，叫兰屿岛，它是台湾少数民

族雅美人的天堂。雅美人以捕鱼为生，是个能歌善舞的民族。

雅美人至今还保留着一种古老的待客礼节——点鼻礼。当客人来到时，长辈手执熊熊火把，在欢迎的人群中，以亲切友好的姿态，用自己的鼻子轻轻摩擦来客的鼻尖片刻，然后再致欢迎词，以表示对客人的热烈欢迎。

雅美人的年节也很有特色。妇女留着长长的头发，并梳成一个别致的"髻"。每逢春节，她们便将长发垂下，在村寨草坪上踏着鼓乐之声翩翩起舞。她们的头发忽前忽后，一起一落有节奏地甩动着。据说春节跳这种长发舞，为的是祝愿父母长辈延年益寿。

雅美人最隆重的节日是飞鱼祭。每年5月，台湾春光明媚，丰收的愿望寄托在高山、平原，也寄托在大海上。雅美人身穿绚丽的节日盛装，喜气洋洋地走出家门，走向海边，参加一年一度的飞鱼祈祷祭盛典。

在海岛的海湾里，一艘艘绘有五彩图案的木船整齐地排列成行，渔船两端翘起，像是遥望着大海，焦急地等待着出航去捕鱼。

男子汉们头戴锃亮的头盔，腰佩长剑，手腕上12个闪闪发光的银镯与头盔、长剑交相生辉。那模样像是武士要出征沙场。他们轻松愉快地来到海滩上，手上拿的却是炊具和小猪、公鸡。

飞鱼祈祷祭开始后，船长们代表众人登上木船，走到船首尖端，面向大海，恭敬地作出邀请的姿态，一面挥舞着手中的鸡和猪，一面高呼着飞鱼："来！来！来！"乞求大海龙王给他们带来丰收。随后，船长们回到海边篝火前，持刀割断公鸡和猪的喉管，将鲜血注入盘中。人们一哄而上，站到盘前，用手沾上鲜红的血，跑到海边涂到一块块鹅卵石上和一只只木船上，又拿起一节节竹筒，把血盛起来，准备晚上出海时撒到海里献给海神，以求捕鱼者平安无事。取血后的鸡和猪，当场煮熟，和芋头、地瓜一起祭海。这时德高望重的男性长者站到高地上，向全体参与者讲话，嘱咐大家遵守传统习惯，保持良好秩序，敬重神明等。讲话完毕，参加仪式的男子汉们组成浩浩荡荡的队伍围绕村子游行一周，然后便聚集到各自的船长家里会餐，欢庆鱼祭。

天黑之后，一条条火龙从村子里窜出，拐弯抹角地"游"到海边，这是船长们带领自己船上的男子汉们，高举火把出发了。只听一声令下，一艘艘木船如离弦的箭，离开海滩，向大海射去。

为什么要举火把？为什么要带鸡血、猪血呢？这里除迷信的因素外，还有些科学的道理：飞鱼有两个特性，一是见到火光就跃出海面，集群而来；二是飞鱼嗅觉灵敏，对血腥味尤其爱好，闻到血腥味就好像蜂见到蜜似的，会成群结队飞进网里。雅美人摸透了飞鱼的习性，因此用火把和鸡血、猪血来吸引飞鱼，这样捕捞就更有丰收的把握了。

飞鱼为什么不安分游泳而要冲破水面飞翔呢？原来，飞鱼在被金枪鱼等肉食性鱼类追赶时，会以极快的速度用长而有力的尾柄和尾鳍下叶猛击水面，使身体腾空而起，继而展开"翅膀"——胸鳍，以每秒18米的速度滑翔。在漫长的物竞天择的作用下，飞鱼练就了一身"飞行"的本领。飞鱼可离开水面高达8米～10米，滑翔距离最远可达200米以上，有的还会飞到舰船甲板上。

说飞鱼实际是滑翔而不是飞，是因为在它宽大的胸鳍基部没有运动的肌肉，所以胸鳍展开时不能扇动，而只能靠风力作用滑翔。

飞鱼的肉结实鲜美，是一种优良的经济鱼类，捕捞飞鱼是雅美人最重要的生产活动。由于祖先留下的一些传统，雅美人对飞鱼也有很多禁忌。如在开捕的头一个月里，所有男人都集体睡在会所里，不准回家。人们在任何时候，都不准用水枪射鱼，也不准钓鱼，或用石头掷向海里，更不能在海边杀飞鱼或用火烤食。在飞鱼祭日，妇女尽管打扮得很漂亮，但只能在远处观望，不准靠近祭祀活动。只有当渔船出海回来时，她们才能去帮忙卸鱼。在搬运中飞鱼不得掉在地上，掉了也不能拣回去。捕到的鱼要平均分配。这就是兰屿岛上雅美人带有神奇色彩的生活。

五、龟山岛

我国台湾省北部宜兰附近，有个不足1平方千米的小岛，人们称它为龟山岛，因为远远看去，小岛就像只海龟在海中游动。

别看岛小，它的四周海底却盛产珍贵的红珊瑚。1980年在这个岛附近海底采到一株桃红色的红珊瑚，它有五个主枝干，高125厘米，重75千克，是世界上的"珊瑚王"。目前陈列在台北市林森北路的一家珊瑚公司里，标价500万美元。据海洋专家们鉴定，这株红珊瑚最少生长两万年了，所以它成了世界上的"稀世珍宝"。

红珊瑚因其稀少、质地密而坚硬、滑润晶莹、造型别致、色泽美丽而享誉古今中外。它除了有明目、安神、镇惊的药用价值外，还能作为高雅的装饰品。艺高的雕刻家能顺它的天然造型，刻出龙、凤等图案，使其具有中国民族风格。红珊瑚具朴质之美，可与金、银、珍珠、翡翠相媲美，价格极为昂贵，被称为"珠宝珊瑚"。

珊瑚珠宝有粉红色的、红色的、白色的，还有墨绿色的。但红珊瑚和粉红珊瑚价格最高，且年年上涨。红珊瑚为欧美人所钟爱，粉红珊瑚因其代表着吉祥如意而被中国人珍视。

红珊瑚属于非造礁的珊瑚，主要分布在地中海和北太平洋部分海域。在地中海，它生活在水深5米～300米范围内。在北太平洋有两个繁殖深度，即2米～500米和1000米～15000米。在海隆、海山、缓坡和有水流通过的无沉积物的台地上，红珊瑚生长发育得特别好。最适宜的温度是9℃～18℃。我国台湾的龟山岛就具备这些自然条件，因此那里的红珊瑚多而且长得高大。

红珊瑚种类少，生长缓慢，加上它的价格昂贵，因此采集的人多，资源锐减，所以它更需要保护。日本和美国对产红珊瑚的海域都采取保护措施，或封海或轮流采集，并研究出人工繁殖的科学办法。

墨绿色透明的黑珊瑚也是很名贵的，被誉为"墨绿色的宝石"。黑珊瑚产于加勒比海和印度洋，太

龟山岛

平洋某些地区也有，其中古巴和尼加拉瓜是黑珊瑚饰品的重要产地。黑珊瑚也是珍稀珊瑚。1995年古巴政府宣布禁止掠夺性地采集黑珊瑚，每年采集量不得超过300千克。古巴有一批海洋科学家专门研究黑珊瑚繁殖、生存和保护的科学办法，以期达到使黑珊瑚长盛不衰的目的。

珊瑚不仅是装饰品，还具有重要的医用价值。李时珍的《本草纲目》记载红珊瑚有明目、安神、镇惊的功效，前面我们也提到过了。这里值得一提的是，近年来发现珊瑚骨与人骨的骨质十分接近，因此珊瑚的骨骼可以取代人骨成为修复人骨的材料，这是一个重大发现。

目前，世界上有20多个国家的医学工作者从事珊瑚骨骼应用方面的研究，使珊瑚骨能用于骨科、矫形外科、颅骨颌骨外科、美容外科、口腔外科等医学领域。法国在这方面已取得了显著的科研成果和经济效益。他们从新喀里多尼亚进口一种名为"鲨鱼脑"的石珊瑚，制成一种能够被吸收融合的接骨材料，促使新骨骼再生，避免第二次手术。法国一家研究所正在研究利用珊瑚骨代替金属制造假肢。

除以上这些之外，科学家和医务工作者还发现珊瑚中的红珊瑚、柳珊瑚的有机组织中的活性物医学价值很高，可提取抗癌、抗肿瘤、治疗心血管疾病等的新药。可以预言，海洋中的珊瑚是一个巨大的新药库。